采油工程

2021 年第 4 辑

大庆油田有限责任公司采油工程研究院　编

石油工业出版社

图书在版编目（CIP）数据

采油工程.2021年.第4辑／大庆油田有限责任公司
采油工程研究院编.— 北京：石油工业出版社，2021.12
ISBN 978-7-5183-5016-2

Ⅰ.①采… Ⅱ.①大… Ⅲ.①石油开采 Ⅳ.①TE35

中国版本图书馆 CIP 数据核字（2021）第 222332 号

《采油工程》编辑部

地　　址：黑龙江省大庆市让胡路区西宾路 9 号采油工程研究院
邮　　编：163453
电　　话：0459-5974645　010-64523589
邮　　箱：cygc@ petrochina. com. cn

出版发行：石油工业出版社
　　　　　（北京安定门外安华里 2 区 1 号　　100011）
网　　址：www. petropub. com
经　　销：全国新华书店
印　　刷：北京晨旭印刷厂

2021 年 12 月第 1 版　2021 年 12 月第 1 次印刷
880×1230 毫米　开本：1/16　印张：6
字数：176 千字

定价：45.00 元

采油工程

2021年　第4辑

目　次

OIL PRODUCTION ENGINEERING

Contents

水平井机械式双向锚定压裂工艺研究与应用

班 丽[1,2]，李金玉[1,2]，孔立宏[1,2]，张 锟[1,2]，王继东[1,2]

(1. 大庆油田有限责任公司采油工程研究院；2. 黑龙江省油气藏增产增注重点实验室)

摘 要：特低渗透致密储层水平井密切割重复改造大规模压裂施工过程中，随着压裂段数和施工规模的逐渐增大，因压力高、排量大、施工时间长会引起压裂管柱剧烈振动。通过分析影响管柱振动的主要因素，并结合现场施工统计可知，当压裂施工排量超过 8m³/min 时，会导致下封隔器失封概率增加 75%。为了提升压裂管柱的稳定性，研发了一趟管柱可实现封隔层段、压裂、重复解封、坐封多功能一体化的水平井机械式双向锚定压裂工艺技术。研制了压缩式低坐封力的压裂封隔器，提升工艺多次重复坐封、解封性能，实现了水平井大排量、长卡距、多簇压裂施工，提高了压裂管柱施工的安全性，为致密储层重复改造大规模压裂提供了有效的技术支撑。

关键词：水平井；重复改造；大规模压裂；管柱振动；低坐封力；封隔器

大庆油田历经 60 年的高效开发，目前进入"双特高"开发阶段——特高含水和特高采出程度。剩余储层主要为难采致密油层，具有低孔隙、低渗透、低丰度、非均质性强的特点，直井开发效益低或无效益，水平井是解决外围低渗透储层无效开发、实现少井高产、高效开发的重要手段，并且需压裂才能达到产能要求。

水平井双封单卡压裂工艺是大庆油田自主研发的水平井压裂主体技术之一，年应用井数占压裂水平井 50% 以上。该工艺具有结构简单、安全性高、压裂针对性强、适用于新老井压裂的特点[1]。在采油井重复改造大规模压裂施工过程中，随着储层物性变差，压裂段数和规模逐渐增大，部分已开发井需避开水层、射孔点等问题，导致压裂卡距变长，有的采油井压裂卡距达到 200m 以上。

重复改造大规模压裂施工会产生较大的活塞效应、膨胀效应及螺旋弯曲效应，造成管柱伸缩，同时管柱会出现剧烈振动，长时间施工将会导致封隔器胶筒磨损、螺纹脱扣及压裂工具断裂等事故发生，存在严重安全隐患[2-3]。水平井双封单卡压裂工艺管柱在耐温、承压、管柱耐磨蚀等方面需进一步优化，为此研发了水平井机械式双向锚定压裂工艺。配套工具在功能和技术上也提出了更高要求。

1 压裂施工对管柱稳定性的影响

重复改造大规模压裂时，压裂液裹挟支撑剂快速通过喷砂器出砂口时，压力和流速发生突变，使管柱受激振动，对管柱和压裂工具产生不可恢复的磨损[4-5]，在施工成功率、工具寿命及安全性方面，都是不可忽视的不利因素。

通过建立重复改造大规模压裂管柱振动流体动力学模型，可给出不同工况条件下压裂管柱振动模型求解方法，得到轴向上封隔器位移随时间的变化曲线（图1）。从图中看出，重复改造大规模压裂施工引起压裂管柱横向剧烈振动，对下封隔器的影响远远大于对上封隔器的影响。施工规模超过 5m³/min 时，下封隔器振幅超过封隔器胶筒长度，无法确保安全施工。

从径向上管柱加速度随时间的变化曲线（图2）可以看出，压裂管柱在径向上呈小幅正弦振动模

第一作者简介：班丽，1973 年生，女，高级工程师，现主要从事油气藏增产改造技术研究工作。

邮箱：banli@petrochina.com.cn。

式，管柱实际振动加速度与数值模拟值比较吻合，最大加速度不超过 7.5m/s²。

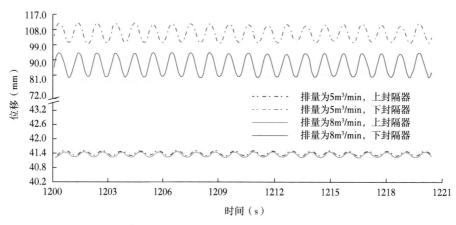

图 1　轴向振动引起的封隔器位移变化图

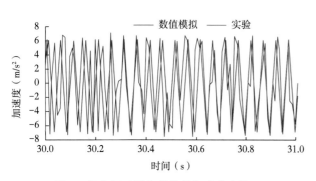

图 2　径向振动引起的管柱加速度变化图

为了获得喷砂器出砂口对管柱产生的振动影响，建立了力学分析模型及非线性有限元模型。

采用瞬态动力学方法进行分析，根据变径引起的压裂工艺管柱振动，确定压裂管柱易发生破坏的风险点及应力集中部位，然后对其有针对性地设计，提高工具的可靠性，为制订提高工艺管柱安全性方案提供依据[6]。

从管柱等效应力曲线（图 3）可以得出，管柱下部在压裂时应力集中，是设计时应该重点考虑的部位。同时根据施工统计，当压裂施工排量超过 8m³/min 时，会导致下封隔器失封概率增加 75%。为了稳定管柱，管柱配置应采用双向支撑方式，以保证管柱稳定性，从而提高施工安全性。

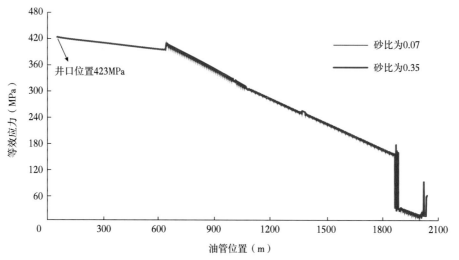

图 3　管柱等效应力曲线图

常规水平井双封单卡压裂工艺典型管柱结构由安全接头、导流扶正器、水力锚、K344 封隔器、导压喷砂器、扶正丝堵或压力计托筒等工具组成[7]。压裂施工时水力锚将管柱与套管进行锚定，可有效减小管柱蠕动。但仅仅依靠水力锚的锚定功能无法满足水平井重复改造大规模密切割工艺排量高、施工时间长的生产需求。当水力锚锚爪不回收或者回收不到位时，管柱遇卡风险高。作为关键工具的 K344 封隔器只有封隔功能，没有锚定功能，不能防止管柱蠕动。

通过分析影响管柱振动的主要因素，并结合现场施工统计，重复改造大规模压裂施工时下封隔器失封概率极高，因此研究了以压缩式低坐封力封隔器为核心工具的水平井机械式双向锚定压裂工艺管柱，改变常规双封单卡压裂工艺受力状态，提高卡距内管柱的稳定性和安全性。

2 水平井机械式双向锚定压裂工艺管柱

水平井机械式双向锚定压裂工艺管柱主要由安全接头、导流扶正器、水力锚、压裂封隔器、导压喷砂器、Y211 封隔器、扶正丝堵等组成（图4）。

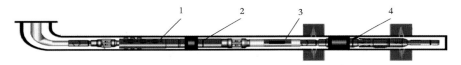

图4　水平井机械式双向锚定压裂工艺管柱结构示意图

1—水力锚；2—压裂封隔器；3—导压喷砂器；4—Y211 封隔器

压裂时，上提下放管柱坐封下部 Y211 封隔器，油管打压，水力锚锚定在套管内壁，上封隔器坐封，压裂液经导压喷砂器完成目的层段压裂，压裂后上提管柱解封下封隔器，油管泄压实现上封隔器及水力锚解封，上提管柱然后进行下一层段的压裂施工。

管柱通过上提下放实现下封隔器的坐封和解封，压裂管柱通径大，节流损失小，排量可达 8m³/min。现场施工时即可判断下封隔器 Y211 封隔器的施工情况，具有针对性强、适应性广的特点。管柱机械式坐封、解封，扩散时间短，小于 20min，因此施工效率高。

3 关键压裂工具研究

3.1 新型 Y211 锚封一体封隔器的结构设计

常规结构 Y211 封隔器为底封时，存在坐封力高、密封压差低、重复密封性差、施工时油套压差控制难、操作不方便以及压裂后封隔器内压扩散慢、易沉砂、难解封等问题。重复改造大规模压裂施工时，下封隔器失封概率极高，既影响改造效果，又为施工安全带来风险。为此，根据"圆珠笔"原理，设计了新型 Y211 封隔器，成功解决了上述难题。通过上提下放即可实现封隔器的重复坐封与解封，有效提高了工艺可控性和施工效率。

新型 Y211 封隔器由中心管、胶筒、锥体、卡瓦、护套几部分组成（图5）。压裂时将该封隔器下至滑套中间位置，通过下放油管方式坐封，封隔器及卡瓦锚定在内部滑动滑套上，通过环空加压开启滑套压裂，实现层段间封隔。压裂后上提管柱即可解封封隔器。该封隔器采取机械方式坐封、解封，外径小，自带卡瓦锚定功能，集密封、锚定、保护功能于一体，能有效封隔油套环空，对压裂管柱进行锚定，且重复坐封、解封性能好。同时可以防止管柱蠕动，保护胶筒不发生剪切破坏，提高封隔器性能。

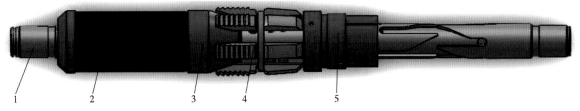

图5　新型 Y211 封隔器结构示意图

1—中心管；2—胶筒；3—锥体；4—卡瓦；5—护套

该封隔器坐封力仅为20kN，封隔器可耐温120℃、承压70MPa，满足水平井一趟管柱多次重复锚定、坐封、环空加砂压裂、解封及防砂卡安全起下管柱的多功能需求。

3.2 密封性能优化

为了优化胶筒结构，采用有限元软件对胶筒的工作状态进行模拟，探索其承压密封机理。根据模拟数据改变原有胶筒设计（图6），设计了复合式密封结构单胶筒，坐封力降低78%，密封承压变形率降低30%，在低坐封力20kN下，即可保证封隔器充分坐封（图7）。

图7 改进后复合式密封结构单胶筒模拟图

图6 改进前胶筒油浸实验后严重损坏实物图

对不同端角及肩部保护结构胶筒进行多次油浸试验，同时研究了高抗拉强度胶料配方及添加剂，优化胶筒二次成型硫化工艺，实现了20kN坐封力下可承压差70MPa、耐温120℃、重复密封100余次（室内实验）应用指标的突破（图8）。

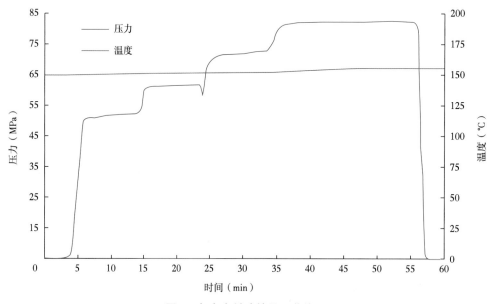

图8 复合密封胶筒承压曲线图

改进后的复合式密封胶筒的强度提高了23%，残余变形率低于3%（图9），重复密封性能大大提高。

3.3 锚定性能优化

新型Y211封隔器在压裂过程中，卡瓦承受极大的交变载荷，易发生卡瓦磨平和断裂的情况，造

图 9　复合密封胶筒试验后实物图

成卡管柱事故的发生。采用有限元软件对卡瓦结构进行工作状态模拟计算分析，分析卡瓦与套管间的咬合力分布规律。结合室内及现场数据，优化 Y211 封隔器卡瓦的齿根角、牙型角等结构参数，改善其受力状态，减少应力集中，锚定承压性能由 25t 提高到 100t。优化前后卡瓦应用实物对比效果明显（图 10）。

齿尖磨平

a. 优化前

b. 优化后

图 10　优化前后卡瓦应用实物对比图

卡瓦的材质原为 20CrMo，优化后选用具有良好加工性能、抗疲劳性能和较高硬度与韧性的超高强度合金钢，并采用渗碳、激光涂覆热处理等特殊工艺对卡瓦进行处理。卡瓦强度由优化前的 685MPa 提升到 785MPa，韧性由优化前的 78J/cm^2 提升为 98J/cm^2，硬度 HRC 由优化前的 58 提升到优化后的 98，解决了卡瓦外表硬度高、内部韧性强的矛盾需求，承受交变载荷能力提高 1.5 倍。

4　现场应用

水平井机械式双向锚定压裂工艺在大庆油田共完成 10 口油水井的重复改造压裂，单趟管柱最高压裂 8 段，施工排量为 6~8m^3/min，单趟管柱加砂达 288m^3，层段施工及压控防喷工艺成功率达 100%。

以永 A 井现场试验为例，该井采用机械式双封锚定分段单卡压裂工艺进行压裂施工改造，施工参数见表 1。该井设计压裂 6 段，最大卡距为 50m，一趟管柱完成全井 6 段压裂施工，共加砂 228m^3，转层时间为 20min，施工效率高，压裂后扩散直接上提管柱，常规施工队伍即可实现连续施工。施工后起出压裂管柱，封隔器外形完好（图 11）。

表 1　永 A 井施工参数统计表

层段	压力（MPa）	主排量（m³/min）	加砂量（m³）
1	57.8	5.5	36
2	57.6	5.0	40
3	54.9	5.0	37
4	55.7	5.5	39
5	55.3	5.0	40
6	55.1	5.5	36

a. 上封隔器　　　　　　　　　　　　　　　b. 下封隔器

图 11　上封隔器及下封隔器施工后外形实物图

5 结　论

（1）针对水平井密切割工艺排量高、施工时间长的生产需求，研制了一趟管柱可实现封隔层段、压裂、重复解封、坐封多功能一体化的水平井机械式双向锚定压裂工艺，改变了常规双封单卡压裂管柱受力状态，提高了 8m³/min 以上 200m 卡距压裂施工的稳定性和安全性。

（2）集密封、锚定、保护功能于一体的新型压缩式低坐封力的压裂封隔器，提升工艺多次重复坐封、解封性能，实现了水平井大排量、长卡距、多簇压裂施工，提高了压裂管柱施工的安全性，为致密储层重复改造大规模压裂提供有效的技术支撑。

（3）新型压缩式封隔器将密封机构及锚定机构集成化设计，结构简单，有效缩短了管柱长度，具有显著经济效益。

参考文献

［1］王凤山，张书进，王文军，等．大庆油田低渗透水平井压裂改造技术新发展［J］．大庆石油地质与开发，2009，28（5）：234-238.

［2］杜现飞，王海文，王帅，等．深井压裂井下管柱力学分析及其应用［J］．石油矿场机械，2008，37（8）：28-33.

［3］李子丰，戴江，于振东．两层压裂井下管柱力学分析及其应用［J］．石油钻采工艺，2009，31（1）：81-84.

［4］郑玉贵，姚治铭，柯伟，等．流体力学因素对冲刷腐蚀的影响机制［J］．腐蚀科学与防护技术，2000，12（1）：36-40.

［5］林玉珍．在流动条件下磨损腐蚀的研究进展［J］．全面腐蚀控制，1996，10（4）：1-3.

［6］张晓川，王金友，李琳，等．水平井大规模压裂喷砂器磨蚀分析优化及现场试验［C］//2018 北京国际石油石化技术会议，2018.

［7］王金友，王澈，姚国庆，等．水平井双封分段控制压裂工艺技术研究与应用［G］//大庆油田有限责任公司采油工程研究院．采油工程文集 2016 年第 1 辑．北京：石油工业出版社，2016：26-29.

哈萨克斯坦 HD 油田自转向酸酸化解堵技术研究

杨宝泉，邓贤文，李胜利，朱　磊，高　甲

（大庆油田有限责任公司采油工程研究院）

摘　要： 针对哈萨克斯坦 HD 油田储层碳酸盐含量高、酸化措施效果差等问题，开展储层堵塞因素分析和酸化解堵配方体系研究。储层伤害特征分析表明，黏土矿物伤害、注入水水质不达标、注入水结垢、钻井液侵入等均是造成储层堵塞的原因，常规稠化酸与碳酸盐反应容易生成氟化钙沉积，造成储层二次伤害。为解决上述问题，开展新型酸化解堵技术研究，优选出适合该油田岩性和堵塞特征的新型自转向酸酸化解堵剂配方体系。实验结果表明，该体系对岩心溶解能力较强，对地层骨架破坏较小，具有较好的缓速、洗油和破乳功能；发生酸岩反应时，黏弹性表面活性剂形成高黏度胶束集合体，从而实现自主转向，酸化低渗透储层。三管并联岩心模拟酸化实验结果表明，自转向酸转向作用明显，渗透率改善效果优于常规稠化酸，低渗透储层岩心渗透率提高80%以上。现场开展一口注水井酸化解堵试验，注水量由酸化前的 $7m^3/d$ 增加到 $97m^3/d$，取得较好的增注效果。该技术适合高含钙量砂岩储层的酸化解堵，可为海外同类油田增产增注提供技术支撑。

关键词： HD 油田；储层伤害；自转向酸；岩心模拟；酸化解堵

HD 油田位于哈萨克斯坦南图尔盖盆地，属于背斜层状边水砂岩油藏[1-2]。1996 年投入开发，共有阿克沙布拉克、努拉里和阿克塞 3 个油田。截至 2020 年 6 月，HD 油田共投产采油井 289 口，开井 213 口，投产注水井 47 口，开井 38 口，月注水量为 $43.8×10^4m^3$，月产油量为 $12.0×10^4t$，综合含水率为 68.58%，累计产油量为 $5050.7×10^4t$，可采储量采出程度已达到 74.6%。

HD 油田岩性复杂，其上部主要为浅湖相沉积，碳酸盐含量较高，下部主要为滨湖相和河流相沉积，岩性以砂岩为主，岩屑成分以石英岩和碳酸盐岩为主，胶结物主要为泥质和碳酸盐。在油田开发过程中，由于钻井液侵入、注入水与储层矿物及地层水不配伍、黏土矿物伤害等因素，常常会造成储层堵塞，导致油田产量下降。

酸化是解除储层堵塞的常用措施，通过酸化液与储层堵塞物和矿物反应，达到扩大孔隙喉道和提高储层渗透率的目的。2012 年以来，HD 油田共酸化油水井 22 口，但从有对比数据的 8 口采油井酸化效果看，酸化措施基本无效（表1），说明目前 HD 油田酸化措施采用的配方体系和工艺针对

表1　HD 油田采油井酸化数据对比表

序号	井号	措施前		措施后		酸化层位	酸化效果
		日产液量（m^3）	日产油量（m^3）	日产液量（m^3）	日产油量（m^3）		
1	AK505	4	1	0	0	M Ⅱ	土酸无效
2	AK467	1	0	0	0	M Ⅱ	土酸无效
3	AK43	1	0	0	0	Y Ⅲ	土酸无效
4	AK454	346	115	342	91	Y Ⅲ	盐酸无效，水平井
5	AK297	102	101	98	97	Y Ⅲ	土酸无效
6	AK34	4	3	17	4	Y Ⅱ	有效
7	AK210	84	84	72	72	Y Ⅰ	土酸无效
8	AK208	19	16	26	1	Y 0	酸窜水层
平均		70.1	40.0	69.4	33.1		

注：酸化类型为酸化解堵。

第一作者简介：杨宝泉，1970 年生，男，高级工程师，现主要从事海外油田采油工程方案编制方面工作。

邮箱：yangbaoquan@ petrochina.com.cn。

性差，需进行酸化配方体系和工艺优化研究。因此，开展了储层堵塞因素分析和新型自转向酸酸化解堵剂配方体系研究。实验表明，自转向酸性能优良，酸岩反应时酸化和转向作用较好，对低渗透储层岩心渗透率提高明显。

1 储层堵塞因素分析

在钻完井和生产过程中，由于各种因素造成注水井吸水能力下降或采油井产能降低，均可称为储层伤害。根据 HD 油田油藏地质特征、注入水水质特征、钻完井数据和生产数据，对储层堵塞因素进行分析。

1.1 低渗透储层黏土矿物膨胀和运移

HD 油田储层以碎屑砂岩为主，其产层既包括以河道砂或砂砾沉积为主的高渗透储层，也包括以细砂和细粉砂为主且富含泥质的中低渗透储层。中低渗透储层的孔喉一般较小，孔喉形态多为片状和管束状，连通性差，其中的黏土矿物等细小固相颗粒，因水化膨胀或注水、作业等外力搅动发生分散运移，导致储层堵塞。

X 射线衍射显示，储层为孔隙薄膜胶结，各层段胶结物成分类似，主要为钙质和泥质，泥质主要以高岭石和水云母为主，偶见蒙脱石和蒙伊/蒙绿混层（图 1）。高岭石、伊利石等对骨架颗粒的附着力较差，同时各晶片之间结合力也较弱，在高速剪切应力的作用下，会从骨架颗粒上脱落，分散悬浮于颗粒孔隙流体中发生运移；蒙脱石、水云母等则容易水化膨胀，发生分散形成更细的微粒，这些微粒可以随流体在孔隙中运移，在喉道处产生堵塞。

　　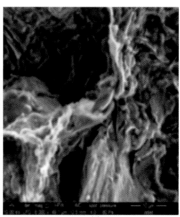

　　　　a. 高岭石　　　　　　　　　　b. 水云母　　　　　　　　c. 蒙脱石和伊利石

图 1　HD 油田低渗透储层 X 射线衍射图

1.2 注水结垢

目前 HD 油田注入水主要为清污混注水。当不同类型的水混合时，混合物的成分会发生变化，导致形成不溶性盐。这种化学反应在注水站清污混合时和注入水进入储层后均可发生。

根据阿克沙布拉克中块油田采出水和清水水质报告（表 2）分析，清水中 SO_4^{2-} 质量浓度为 905mg/L，HCO_3^- 质量浓度为 159mg/L；地层水中 Ca^{2+} 质量浓度为 3407~4810mg/L。在清污水混合过程中，Ca^{2+} 先与 HCO_3^- 反应生成 $CaCO_3$，然后过量的 Ca^{2+} 再与 SO_4^{2-} 反应生成 $CaSO_4$。$CaSO_4$ 的溶解度在 20~70℃时变化较小，因此注入水中的 $CaSO_4$ 不会在储层中产生沉淀；而 $CaCO_3$ 随着储层温度上升，在 60~70℃时晶体形成速率较快，储层温度为 65~85℃，所以易造成储层结垢堵塞。

开展水配伍性实验，实验表明（表 3），地层水与地表清水混合后会产生大量沉淀，且随温度升高，沉淀量增加，说明注入水进入储层后，随着温度的增加，产生结垢现象，堵塞储层。进行岩心结垢伤害模拟实验，测得在目前阿克沙布拉克油田注水条件下，其注水结垢伤害半径在 3m 左右。

表 2　阿克沙布拉克油田采出水和清水离子组分分析数据表　　单位：mg/L

井号	离子质量浓度						总矿化度
	Ca^{2+}	Mg^{2+}	Na^++K^+	Cl^-	SO_4^{2-}	HCO_3^-	
AK250	4259	334	22984	43867	58	61	71563
AK215	3407	486	21352	40211	140	88	65684
AK248	3908	243	23802	43867	432	232	72484
AK284	4810	486	24674	47522	495	140	78127
注水站	35	14	1058	996	905	159	3167

表 3　AK250 井不同混合比例地层水同注水站水样测定沉淀物实验数据表

水样混合比例（％）		沉淀物质量浓度（mg/L）	
AK250 井	注水站	$t=36℃$	$t=72.9℃$
100	0	5.0	7.0
80	20	9.0	12.0
60	40	14.0	18.0
50	50	20.0	23.0
40	60	18.0	19.0
20	80	16.0	21.0
0	100	0	0

1.3 钻井液侵入

现场 299 口井钻井资料统计表明，HD 油田目前钻井液密度一般为 $1.1\sim1.2g/cm^3$，防膨剂为 KCl。从钻井液性能上看，对储层伤害较小，但钻井液浸泡储层时间较长，平均达到 799 小时，最长达到 5712 小时。钻井液长时间浸泡会导其滤液侵入储层孔隙，因滤液与地层水矿化度不同而产生电化学的不平衡，引起地层中黏土矿物膨胀或分散运移，从而堵塞了储层孔道，降低了储层渗透率。

1.4 注入水水质不合格

注入水中悬浮物含量超标会堵塞地层，H_2S、Fe^{3+} 和 Fe^{2+} 含量高容易造成地层中硫酸盐还原菌和铁细菌滋生，酸性注入水会引起注水设备腐蚀。根据水样分析数据（表 4）认识如下：

表 4　HD 油田注水站及油水井水样分析数据表

取样点	注水站	AK250	AK215	AK248	AK284
井别		注水井	采油井		
pH 值	7.92	6.95	7.01	6.76	6.87
悬浮物质量浓度（mg/L）	0	138.0	14.5	110.0	109.0
H_2S 质量浓度（mg/L）	0	0	1.40	2.47	0
$Fe^{3+}+Fe^{2+}$ 质量浓度（mg/L）	0	0	2.94	0.28	0

（1）注水站水样呈弱碱性，不含悬浮物、H_2S、Fe^{3+} 和 Fe^{2+}，说明注入水中的清水水质合格，不会造成储层细菌堵塞和设备腐蚀。

（2）采出水水样呈弱酸性，悬浮物含量较高，部分采出污水含 H_2S、Fe^{3+} 和 Fe^{2+}。因此，应当加强污水水质处理工作，防止超标污水进入储层。

（3）注水井水样呈弱酸性，悬浮物含量较污水高，说明在注水井近井地带，特别是炮眼附近悬浮物含量较高。水中没有检出 H_2S、Fe^{3+} 和 Fe^{2+}，这可能与取样井注水量较大有关。当注水量较大时，细菌在储层中原地停留时间短，不容易滋生，但对于注水量较小的井，可能存在细菌堵塞的可能。

（4）本次采出污水水样为采用破乳剂处理后的水样，未发现油污。

1.5 酸化液与地层岩性不配伍

酸化是解除储层堵塞的常用措施，对于砂岩储层，一般采用盐酸或含有氢氟酸的酸化液进行酸化解堵。酸化液中的盐酸与储层中的碳酸盐反应，生成氯化钙、氯化镁等可溶性盐，氢氟酸与储层中的黏土矿物反应，生成可溶性氟硅酸盐。合理的酸化液体系设计，可有效溶解黏土矿物和碳酸盐等胶结物，疏通孔隙喉道，不产生二次沉淀。但在实际酸岩反应过程中，由于酸化液设计不合理，特别是当碳酸盐含量较高时，过量的碳酸盐会与氢氟酸反应，生成不溶性氟化钙沉淀，引起储层堵塞。统计 HD 油田历年来酸化作业情况，总体效果并不理想，说明该油田目前采用的酸化配方体系和工艺针对性差，需要重新进行酸化方案优化。

综上所述，HD 油田储层堵塞因素较复杂，钻井液侵入、注入水水质不合格、储层矿物及地层水不配伍、黏土矿物伤害、注入水悬浮物杂质及酸化液等入井液与储层不配伍，均可引起储层伤害和储层堵塞，导致油水井产能下降。

2 自转向酸酸化液体系的研究

HD 油田储层温度为 65～85℃，碳酸盐含量高，常规酸化液酸化时，酸岩反应速度快，酸化有效半径小，易产生氟化钙沉淀，导致酸化失败。因此，针对该油田储层特征和堵塞特点，结合国内外同类油田酸化液体系研究经验，开展了自转向酸酸化液体系研究[3-7]。

2.1 自转向酸黏变机理

在酸化液体系中复配黏弹性表面活性剂，该表面活性剂在鲜酸中以单个分子存在，酸化液体系黏度低。酸岩反应后，黏度随 pH 值逐渐升高，表面活性剂分子在残酸中首先缔合成螺旋状胶束，同时酸岩反应会产生游离的二价金属阳离子（Ca^{2+}、Mg^{2+}）与表面活性剂分子中的极性亲水基团吸附，使胶束分子团进一步缔合，形成高黏度柱状胶束集合体。自转向酸能自动封堵高渗透层，迫使酸化液进入低渗透层，从而达到自动转向和均匀酸化的目的。酸化作用后期，随着酸化液消耗和油气作用，高黏度胶束会降解破胶，不会对储层造成堵塞。

2.2 自转向酸配方体系优选

自转向酸由主酸化液、黏土稳定剂、稠化剂、表面活性剂及其他添加剂组成。主酸化液对高含钙砂岩储层具有较强的溶蚀能力，且对岩石骨架破坏小；黏土稳定剂可有效抑制黏土矿物的膨胀、分散和运移，降低对岩石骨架伤害，提高酸化效果；稠化剂增加酸化液黏度，降低酸岩反应速度，增大有效酸化半径；表面活性剂在酸岩反应过程中能自动增黏，起到暂堵转向的作用；其他添加剂可提高酸化液体系的协同作用，进一步提高酸化液性能和酸化效果。

2.2.1 高含钙砂岩酸化液主酸配方优选

将高含钙天然岩屑粉碎至 0.96～1.60mm，称取一定量后，分别加入不同类型、不同浓度酸化液，于储层温度条件下反应 2 小时后过滤、烘干，称出反应后剩余岩屑的质量，计算其溶蚀率、破碎率，确定溶蚀率和破碎率均满足需要的主酸化液初步配方。实验岩屑采用高含钙天然岩屑，粒径为 0.9～1.60mm；实验温度为 85℃；反应时间为 2 小时。实验结果显示 3 号配方酸化液溶蚀率高，破碎率低，实验效果较好，因此选择 3 号为主酸化液配方(表 5)。

表 5　不同配方高含钙天然岩屑酸岩反应实验数据对比表　　　　　　单位：%

层位	碳酸盐	黏土矿物	1 号		2 号		3 号	
			溶蚀率	破碎率	溶蚀率	破碎率	溶蚀率	破碎率
G I	25.4	18.6	20.9	5.2	23.6	4.9	30.5	4.5
G II	20.0	15.3	20.1	4.4	23.0	4.0	27.2	4.1
G III	26.2	15.7	22.5	5.8	25.1	5.2	29.5	5.0
G IV	47.5	19.0	24.4	5.4	26.7	5.1	32.1	5.1
G V	25.0	6.8	24.3	5.0	27.7	4.7	31.8	4.2

2.2.2　黏土稳定剂优选

实验采用 3 种不同类型黏土稳定剂，分别按 0.5%、1.0% 和 1.5% 的质量分数配制溶液，并采用天然岩屑测定其膨胀率和破碎率（表 6）。从实验结果可看出，NW01 黏土稳定剂的岩屑膨胀率和破碎率明显低于其他两种黏土稳定剂，且当质量分数为 1.0% 和 1.5% 时的实验效果变化不大，因此选择 1.0% 为最佳使用质量分数。

2.2.3　稠化剂优选

在主酸中分别加入不同类型和不同质量分数的稠化剂，在不同温度下测定其黏度（表 7）。从实验结果可见，CH02 稠化剂黏度稳定，抗温性好，在质量分数为 0.6% 时，其黏度可达到 30mPa·s 以上，满足酸化液黏度要求。

2.2.4　表面活性剂优选

将不同类型表面活性剂按不同质量分数加入酸化液中，分别与岩屑反应，测定不同反应时间条件下酸化液的黏度（表 8）。实验结果显示，加入表面活性剂后，随酸岩反应时间增加，酸化液黏度逐渐增大，在 90～120min 反应时间内达到最大，然后随着酸化液进一步反应，酸化液不断消耗，酸化液体系黏度也不断下降，300min 后，酸化液体系降解破胶，黏度大幅度降低。从增黏效果看，HX03 表面活性剂增黏效果明显好于其他两种。质量分数为 1% 时，120min 的反应时间可使酸化液体系黏度增大到 425.8mPa·s，可满足酸化液体系增黏转向的需要。

2.2.5　自转向酸配方体系综合性能评价

开展了缓蚀、破乳等实验，测定酸化液体系性能（表 9）。该配方酸化液对高含钙岩心、钻井液、机械杂质等均具有很强的溶蚀能力，酸化液体系的界面张力低、破乳率高、易返排，酸化液稠化和自增黏性能使酸化液具有缓速和深穿透的特点。

表 6　不同类型黏土稳定剂防膨率和破碎率测定数据对比表　　　　　　单位：%

黏土稳定剂 NW01			黏土稳定剂 NW02			黏土稳定剂 NW03		
质量分数	膨胀率	破碎率	质量分数	膨胀率	破碎率	质量分数	膨胀率	破碎率
0.5	1.8	4.025	0.5	2.2	4.121	0.5	2.4	4.158
1.0	1.2	3.593	1.0	2.0	3.906	1.0	2.2	4.012
1.5	1.1	3.508	1.5	1.8	3.825	1.5	2.1	3.948

注：（1）防膨率实验采用粒径小于 0.56mm 的岩屑，破碎率实验采用粒径为 0.90～1.60mm 的岩屑。

（2）实验温度为 85℃；反应时间为 2h。

表 7 稠化剂优选酸化液黏度测定数据对比表

稠化剂	质量分数（%）	不同温度酸化液黏度（mPa·s）			
		20℃	60℃	90℃	120℃
CH01	0.4	11.5	8.6	11.0	8.2
	0.6	12.0	9.0	11.5	8.5
	0.8	12.6	9.5	11.9	9.0
CH02	0.4	24.2	25.6	22.5	20.0
	0.6	37.5	39.5	35.5	31.5
	0.8	37.8	40.0	38.2	33.8
CH03	0.4	24.5	32.1	20.6	16.2
	0.6	26.3	35.8	22.4	18.5
	0.8	28.4	38.9	25.4	19.8

表 8 表面活性剂优选酸化液黏度测定数据表

表面活性剂	质量分数（%）	不同酸岩在不同反应时间下的酸化液黏度（mPa·s）									
		0	15min	30min	60min	90min	120min	180min	240min	300min	360min
HX01	0.5	30.1	36.6	46.5	68.3	169.5	160.2	90.2	70.6	30.4	20.6
	1.0	30.5	40.2	62.6	72.8	180.4	178.4	96.4	78.3	30.8	20.8
	2.0	30.8	40.6	65.7	79.0	188.8	180.8	98.9	79.9	30.9	21.7
HX02	0.5	30.4	40.5	70.8	120.2	260.9	280.1	243.8	200.7	50.8	22.3
	1.0	30.5	56.7	93.3	132.9	277.6	300.2	260.9	221.2	58.2	25.8
	2.0	30.5	58.2	98.0	138.2	286.2	320.5	276.0	230.6	59.7	28.0
HX03	0.5	30.2	52.4	102.2	180.2	280.3	280.0	274.1	250.2	80.6	21.3
	1.0	30.6	64.3	124.4	266.5	390.6	425.8	387.4	289.9	89.3	24.9
	2.0	30.4	64.1	126.3	269.6	400.5	448.5	393.2	293.6	95.5	26.5

注：实验温度为 85℃；岩屑粒径为 0.90~1.60mm。

表 9 常规稠化酸与自转向酸综合性能数据对比表

配方	钻井液溶蚀率（%）	机械杂质溶蚀率（%）	岩心溶蚀率（%）	岩心破碎率（%）	界面张力（mN/m）	破乳率（%）	洗油率（%）	黏度（mPa·s）		腐蚀速率[g/(m²·h)]
								增黏前	增黏后	
常规稠化酸	3.4	41.0	15.2	4.5	23.3	90.0	20.0	30.2		3.890
自转向酸	8.0	85.0	29.6	3.6	15.6	100.0	89.0	30.6	>400	1.568

2.3 岩心物理模拟评价实验

开展三岩心并联模拟流动实验（图 2），对常规稠化酸和自转向酸在不同渗透率条件下的酸化效果进行评价。在并联条件下，酸化液优先进入高渗透岩心，并发生反应。随着酸岩反应进行，自转向酸酸化液中游离的二价金属阳离子增加，自转向酸黏度增加，酸化液流动阻力增大，从而使后续注入的酸化液自动转向进入中、低渗透岩心，从而实现对整个酸化层位的有效酸化。由于常规稠化酸没有自动增黏的功能，酸化液进入中、低渗透岩心相对较少，因此酸化效果较差。

实验结果显示，常规稠化酸的低、中渗透岩心的渗透率提高率分别仅为 17.8%、42.7%，自转向酸转向作用明显，低、中渗透岩心的渗透率提高率分别为 80.2%~93.4%、109.1%~118.2%，渗透率改善效果优于常规稠化酸（表 10）。

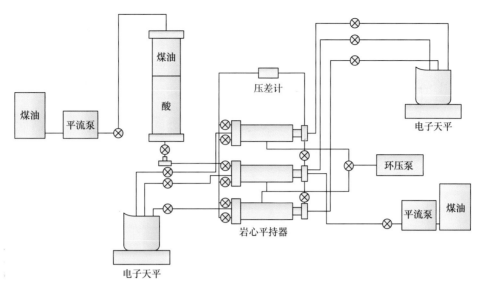

图2　三岩心并联模拟流动实验装置流程图

表 10　不同酸液转向模拟实验数据对比表

岩心号	酸液类型	岩心渗透率	酸化前渗透率 （mD）	酸化后渗透率 （mD）	渗透率提高率 （%）
1 号	常规稠化酸	低渗透率	26.4	31.1	17.8
2 号		中渗透率	48.7	69.5	42.7
3 号		高渗透率	99.2	>3000	>3000
4 号	自转向酸	低渗透率	20.2	36.4	80.2
5 号		中渗透率	41.1	89.7	118.2
6 号		高渗透率	78.7	>3000	>3500
7 号		低渗透率	15.2	29.4	93.4
8 号		中渗透率	29.8	62.3	109.1
9 号		高渗透率	56.7	>3000	>5000

3 现场试验

2019 年针对 HD 油田 AKS249 井开展酸化设计，并于 2019 年 7 月实施，酸化效果显著。

3.1 试验井概况

AKS249 井是 HD 油田一口正常注水井，该井分注后一直达不到配注方案要求的日配注量 50m³。2016 年 8 月中旬、10 月下旬、12 月上旬和 2017 年 4 月进行了 4 次测试调整，结果均达不到配注方案要求，酸化措施前日配注量为 34m³，日实际注入量仅为 7m³。

3.2 试验井堵塞因素分析及酸化方案

试验井注水能力低主要有以下几点原因：

（1）基质渗透率低，储层物性条件较差。该井位于南穹隆北部边缘构造带上，平均孔隙度为 18.7%，渗透率为 75.0mD，属中—低渗透油藏。

（2）储层岩性为粉砂岩和碳酸盐交互储层，岩性复杂，非均质严重，不适合常规笼统土酸酸化。

（3）邻井 AKS225 井在测调过程中发现存在砂子掉落和类似塑料布堵塞的情况，推断在该井作业过程中也可能存在杂质堵塞炮眼的情况。

（4）注水井采用长期污水回注及低效注水易造成悬浮物杂质堵塞，且回注污水中含有一定的油污，会造成储层伤害。

基于以上分析，对该井进行酸化解堵作业，解除悬浮物杂质和有机质堵塞，达到提高该井注水能力的目的。酸化方案设计如下：

（1）采用前置盐酸酸化液注入工艺，避免酸化过程中钙质沉淀，提高酸化效果。

（2）主酸化液采用自转向酸提高储层基质渗透率，并解除悬浮物杂质和有机质堵塞。

（3）利用原井分层管柱，进行分段酸化，段内酸化液自转向，进一步提高中、低渗透储层的酸化效果。

3.3 试验井酸化效果

AKS249 井于 2019 年 7 月 8 日施工后，日注水量由酸化前的 7m³ 增加到 97m³（2019 年 9 月 1 日），增注效果显著（图 3）。

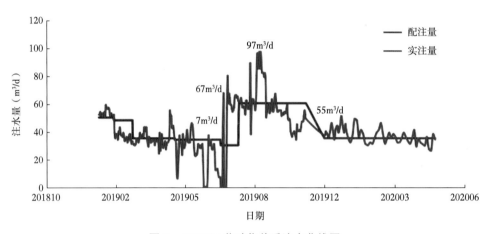

图 3　AKS249 井酸化前后注水曲线图

4 结　论

（1）HD 油田储层堵塞因素复杂，钻井液侵入、注入水与储层矿物及地层水不配伍、黏土矿物伤害、注入水悬浮物杂质以及酸化液等入井液与储层不配伍，均可引起储层伤害和地层堵塞，导致油水井产能下降。

（2）研究的自转向酸化配方体系针对性强，自增黏效果好。岩心物理模拟实验表明，自转向酸转向作用明显，岩心渗透率改善效果优于常规稠化酸，低渗透岩心渗透率提高 80% 以上。

（3）在堵塞因素分析基础上，针对 AKS249 井开展酸化方案设计并实施，注水量由酸化前的 7m³/d 增加到 97m³/d，增注效果显著。

（4）下一步将加大现场试验规模，进一步验证自转向酸酸化解堵的技术可行性，为海外复杂岩性油藏增产增注提供技术支撑。

参考文献

［1］ 杨宝泉，邓贤文，李瑞琪，等.AK 中块油田注水井结垢半径及酸化规模的探讨［G］//大庆油田有限责任公司采油工程研究院.采油工程文集 2018 年第 3 辑.北京：石油工业出版社，2018：79-83.

［2］ 韩松，邓贤文，李瑞琪，等.哈萨克斯坦 AKS 油田压裂措施效果评价［G］//大庆油田有限责任公司采油工程研究院.采油工程 2019 年第 4 辑.北京：石油工业出版社，2019：23-29.

［3］ HANAFY A，NASR-El-Din，HA，et al. New viscoelastic surfactant with improved diversion characteristics for carbonate matrix acidizing treatments［C］. SPE 180435，2016：1-18.

［4］ 刘雪峰，吴向阳，朱杰，等.黏弹性表面活性剂自转向酸增黏转向的判别标准［J］.特种油气藏，2018，25（1）：150-154.

［5］ 李侠清，齐宁，杨菲菲，等.VES 自转向酸体系研究进展［J］.油田化学，2013，30（4）：630-634.

［6］ 王云云，杨彬，张镇，等.自转向酸用缓蚀剂的研究与应用［J］.钻井液与完井液，2017，34（5）：96-99.

［7］ 王艳丽.新型高性能转向酸的制备及性能评价［J］.钻井液与完井液，2016，33（6）：111-115.

基于数值模拟样本的聚合物驱深部调剖增油预测方法

盖德林[1,2]，陈玲玲[1,2]，刘珂君[1,2]，汪旭颖[1,2]

(1. 大庆油田有限责任公司采油工程研究院；2. 黑龙江省油气藏增产增注重点实验室)

摘　要：为了实现聚合物驱深部调剖增油快速预测，缩短其优化设计周期，开展了以数值模拟样本构建增油预测模型研究。以大庆油田为背景，应用油藏数值模拟技术，采取正交实验设计方法，确定了调剖半径、调前水驱量、调后注水强度、含油饱和度和连通方向等 5 个对调剖效果敏感因素，计算出数值模拟样本 1296 个。通过样本劈分和分类回归，建立了 8 个线性子模型复合预测模型，预测集和测试集决定系数 r^2 均达 0.9495 以上，增油计算符合率达 82%。矿场一口井深部调剖效果预测符合率达到 78.7%，预测周期缩短至 2 天以内。

关键词：深部调剖；增油预测；样本；数值模拟；Python

注水开发的非均质油田，注入水沿高渗流通道或条带突进，含水率上升快，逐渐形成低效无效循环区，严重降低了注入液波及体积。油田进入高含水后期，治理水窜、扩大波及体积、挖潜剩余油成为主要开发策略。厚油层剩余油富集，其低效无效循环区治理是剩余油挖潜重心。目前深部调剖是治理低效无效循环区的核心技术[1-2]，已得到广泛应用，大庆油田年措施 300 井次以上，并逐步由井组治理发展到区块治理。

深部调剖剂用量大、施工周期长、费用高，增油量预测更加重要。油藏数值模拟一直是深部调剖增油预测的主要手段[3-8]。该方法需要地质建模、历史拟合、深部调剖工艺模拟等步骤完成增油量计算，周期通常在 2 个月以上，该方法只能在一些重点井上应用。

应用数值模拟技术研究深部调剖敏感因素，建立标准样本，采用数值回归分析技术实现增油量预测，大幅度缩短增油量预测工作周期。

1 样本生成

1.1 油藏模型

参照大庆油田老区特点，油藏井网模型为 1

注 4 采井网油水两相模型，P1、P2、P3、P4 为采出井，中心井 INJECTOR 为注入井，见图 1，注采井距 250m，埋藏深度 1000m，油藏温度 45℃，初始油藏压力 10MPa；油层分上下两层，厚度各 1m，正韵律分布；油藏数值模拟井网的网格数为 35×35×2＝2450，网格步长为 10m。注入井先水驱后聚合物驱（简称聚驱），聚驱过程中进行深部调剖。将网格节点渗透率修改为"0"来模拟调剖剂封堵区域。措施前，注入强度为 10m³/(d·m)，措施前后聚合物累计注入量为 1PV，聚合物质量浓度为 1000mg/L，黏度为 16mPa·s。

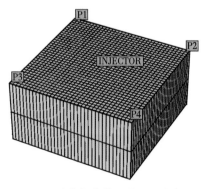

图 1　油藏数值模拟井网示意图

第一作者简介：盖德林，1962 年生，男，高级工程师，现主要从事油田深部调剖等措施的油藏数值模拟研究工作。
邮箱：gaidelin@petrochina.com.cn。

1.2 样本生成

深部调剖预测增油涉及因素多。为减少样本计算工作量，首先进行因素敏感性分析，减少因素数量。敏感性分析采取正交实验设计。选择含油饱和度、渗透率级差等 9 个影响增油因素（表 1），每个因素在合理范围内取 4 个水平，按照 9 因素 4 水平正交表给出 32 个模拟方案计算，统计出增油级差和各因素 F 检验值。调剖剂有效期设置为 2 年。由正交 F 检验置信度 0.05 临界值为 9.28，确定调剖半径、调剖前水驱量、调后注水强度、含油饱和度和连通方向等 5 个因素为敏感因素。

表 1 9 因素 4 水平影响因素设计分析表

项目	含油饱和度	渗透率级差	渗透率（D）	调剖前水驱时间（a）	调剖前聚驱时间（a）	调剖半径（m）	调剖后注水强度 [m³/(d·m)]	聚合物质量浓度（mg/L）	连通方向（个）
水平 1	0.50	5	1	4.2	0	62.5	8	1000	1
水平 2	0.60	10	2	8.4	2.1	82.5	12	1500	2
水平 3	0.70	15	3	12.6	4.2	102.5	16	2000	3
水平 4	0.80	20	4	16.8	6.3	122.5	20	2500	4
增油级差	699	516	167	931	456	1030	801	442	600
显著性水平 $a=0.05$，$F=9.28$	15.49	8.20	1	29.56	6.63	35.59	18.98	5.54	13.12

以敏感因素为基础，补增渗透率级差和调前聚驱时间合计 7 个因素用于样本计算。表 2 为除连通方向因素外其余 6 个因素水平设计表，按照全样本方案设计，模拟计算 $3 \times 3 \times 3 \times 4 \times 4 = 1296$ 个方案，连通方向因素将在预测模型增油效果修正考虑。

表 2 6 因素水平设计表

项目	含油饱和度	渗透率级差	调前水驱时间（a）	调前聚驱时间（a）	调剖半径（m）	调后注水强度 [m³/(d·m)]
水平 1	0.55	5	1	0	40	8
水平 2	0.65	15	10	2	60	16
水平 3	0.75	30	20	5	70	24
水平 4				8	90	

2 调剖层增油预测

基于样本 6 个输入参数、1 个输出参数，选择多元线性回归作为增油量模型。增油预测模型建立在 Python 语言开发多元线性回归基础上，通过样本劈分、归类线性拟合回归，形成多个线性回归复合模型，编制了深部调剖增油预测软件，计算出各调剖半径预测增油量和投产比，为用户优化调剖半径提供依据。

2.1 样本劈分

从样本中选择代表性样本 554 个，按照训练集和测试集样本容量 2:1 进行劈分，训练集样本数为 388 个，测试集样本数为 166 个。由样本分布柱状图（图 2）可以看出，训练集样本和测试集样本分布基本对称。

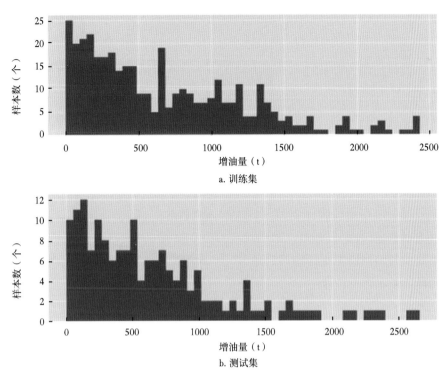

a. 训练集

b. 测试集

图 2　训练集和测试集样本分布图

2.2 线性回归复合预测模型

样本回归采取分类线性复合回归方法。首先对原始数据进行清洗和预处理。将训练集和测试集数据样本分为 16 类，按照调剖前聚驱时间和调剖半径归类为 16 种（表 3）。

表 3　数据集归类表

类别	调前聚驱时间（a）	调剖半径（m）	劈分集
1	0	40~50	预测集
2	0	40~50	测试集
3	>0	40~50	预测集
4	>0	40~50	测试集
5	0	60	预测集
6	0	60	测试集
7	>0	60	预测集
8	>0	60	测试集
9	0	70~75	预测集
10	0	70~75	测试集
11	>0	70~75	预测集
12	>0	70~75	测试集
13	0	90	预测集
14	0	90	测试集
15	>0	90	预测集
16	>0	90	测试集

分别对 8 个测试集进行线性回归，获得线性复合回归预测模型，对预测集进行预测。图 3 为训练集和测试集用线性复合回归模型预测的结果。

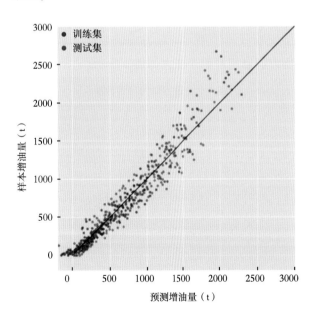

图 3　样本增油与线性回归复合预测增油对比图

应用该模型计算两个样本集的决定系数，决定系数计算公式为：

$$r = \frac{\sum\limits_{i=1}^{n}(\hat{y}_i - \overline{y})^2}{\sum\limits_{i=1}^{n}(y_i - \overline{y})^2} \tag{1}$$

式中　r——决定系数；

　　　n——样本个数；

　　　$y = \{\hat{y}_i\}$——样本对应增油预测集；

　　　$\overline{y}$——n 个样本的平均值；

　　　$y = \{y_i\}$——n 个样本增油集。

通过计算，得出两个样本集的决定系数 r^2 是 0.9489，测试集的决定系数 r^2 是 0.9495，表明预测符合率较高。因此，将预测模型用于所有样本，所有样本集的平均符合率计算公式为：

$$\beta = \left(1 - \sum\limits_{i=1}^{1296}\frac{|\hat{y}_i - y_i|}{y_i}\Big/n\right) \times 100\% \tag{2}$$

式中　β——所有样本集的平均符合率。

计算得出，所有样本集的平均符合率 β 为 82%。

2.3 连通方向数修正

以上增油量预测模型为注入井 4 个连通方向时调剖增油量。实际上注入井与周边采出井连通方向数不同，注入液波及体积不同，且受注采井间主流和分流作用，经对流场研究[9]，采用其中连通方向修正系数表征，如表 4 所示。

表 4　连通方向修正系数表

连通方向数	连通方向修正系数
1	0.99
2	0.95
3	0.89
4	0.86

对模型增油量进行校正。修正公式为：

$$Q'_o = \alpha Q_o h_z m / 4 \tag{3}$$

式中　Q'_o——修正后增油量，t；

　　　α——连通方向修正系数；

　　　Q_o——模型预测增油量，t；

　　　h_z——增注段厚度，m；

　　　m——连通方向数，个。

3　预测模型应用

W 为油田某区块边部注入井，P1-P3 为周边的 3 口连通采出井（图 4），开采 A 油层组，投产前含油饱和度为 0.53。2008 年开始聚驱，2015 年井组含水率高，因此进行深部调剖。调剖后 272-SP26 井见效明显，截至 2017 年 9 月，井组累计增油 1120t。

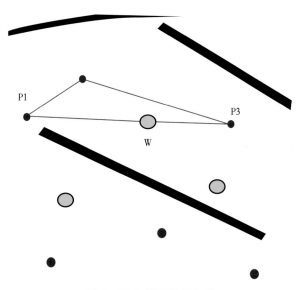

图 4　W 井组调剖井位图

日注入量 Q 为 124m³，封堵段厚度 h_d 为 6.8m，封堵段吸液分数 f_d 为 65.5%；增注段厚度 h_z 为 5m，增注段吸液分数 f_z 为 34.5%；封堵段累计注水量 Q_w 为 17418m³，累计注聚量 Q_p 为 189089m³。调剖半径为 60m，调剖剂有效期 T_d 为 2 年。

3.1　预测模型渗透率级差

根据封堵段和增注段厚度和相对吸液量，可计算两层段渗透率级差 λ 为：

$$\lambda = \frac{f_d h_z}{f_z h_d} = 1.3 \tag{4}$$

式中　λ——渗透率级差；

　　　f_d——封堵段吸液分数；

　　　f_z——增注段吸液分数；

　　　h_d——封堵段厚度，m。

3.2 预测模型水驱及聚驱时间

3.2.1 水驱时间

通过累计注水量 Q_w，计算封堵段和增注段各每米注水量，两者相加除以模型注水强度 $10m^3/(d·m)$，再除以 365 天，获得水驱时间，即：

$$T_w = 0.0001369 Q_w \left(\frac{f_z}{h_z} + \frac{f_d}{f_d} \right) = 0.39 \qquad (5)$$

式中　T_w——水驱时间，a；

　　　Q_w——封堵段累计注水量，$10^4 m^3$。

3.2.2 聚驱时间

同样获得聚驱时间为：

$$T_p = 0.0001369 Q_p \left(\frac{f_z}{h_z} + \frac{f_d}{h_d} \right) = 4.28 \qquad (6)$$

式中　T_p——聚驱时间，a；

　　　Q_P——封堵段累计注聚量，$10^4 m^3$。

3.2.3 调剖后模型注水强度

通过日注水量计算封堵段和增注段注水量强度之和为调剖后注水强度 Q_m，即：

$$Q_m = T_d Q \left(\frac{f_z}{h_z} + \frac{f_d}{h_d} \right) / 2 = 28.2 m^3/(d·m) \qquad (7)$$

3.2.4 封堵段增油量

首先将上述模型相关参数应用于预测模型中，获得增注段厚度为 1m 时增油量 Q_o 为 407t。然后应用式（2），连通方向数 m 为 3，预测调剖增油量为 1358t，相对井组调剖增油误差为 21.3%，符合率为 78.7%。

4 结　论

（1）应用油藏数值模拟方法，确定了调剖半径、调剖前水驱量、调剖后注水强度、含油饱和度和连通方向等 5 个敏感因素。

（2）以敏感因素为主计算出数值模拟样本 1296 个，应用 Python 建立了 8 个线性回归子模型复合预测模型，模型样本预测符合率达到 82%。

（3）应用回归模型对矿场一口深部调剖井增油效果进行预测，符合率为 78.7%，预测周期缩短为 1 天。

参考文献

［1］江如意，蔡磊，刘玉章．海上油田深部调剖先导试验方案研究［J］．江汉石油学院学报，2004，26（4）：147-148.

［2］史树彬，靳彦欣，衣哲，等．特高含水期差异化深部调剖技术研究［J］．石油地质与工程，2017，31（1）：100-103.

［3］刘雅馨，张用德，吕古贤，等．数值模拟任低渗裂缝油藏调剖中的研究应用［J］．西南石油大学学报（自然科学版），2011，33（1）：111-114.

［4］樊兆琪，程林松，黎晓茸，等．流线模型的深部调剖影响因素分析及矿场应用［J］．西南石油大学学报（自然科学版），2013，35（2）：121-126.

［5］赵玉武，王国锋，朱维耀．纳微米聚合物驱油室内实验及数值模拟研究［J］．石油学报，2009，30（6）：894-897.

［6］王硕亮，于希南，桑国强，等．凝胶泡沫数值模拟方法［J］．断块油气田，2016，23（6）：807-811.

［7］陈玲玲．凝胶深部调剖效果数值模拟预测［J］．内蒙古石油化工，2013（8）：53-54.

［8］张红玲，刘慧卿，王晗，等．蒸汽吞吐汽窜调剖参数优化设计研究［J］．石油学报，2007，28（2）：105-108.

［9］樊文杰，刘连福，孙建国．注聚前深部调剖井堵剂用量确定方法［J］．大庆石油地质与开发，2002，21（2）：59-61.

三元复合驱清垢防垢一体化加药工艺在 Z 井的应用

康　燕[1,2]，刘纪琼[1,2]，张德兰[1,2]，王庆国[1,2]，王玉鑫[1,2]

（1. 大庆油田有限责任公司采油工程研究院；2. 黑龙江省油气藏增产增注重点实验室）

摘　要：针对三元复合驱机采井结垢速度快、易导致机采井结垢卡泵、检泵周期缩短及已有防垢加药工艺无清垢功能的问题，研究了一种清垢、防垢一体化智能加药工艺。通过连续监测机采井生产电流，可在加入清垢剂或防垢剂的流程之间自动切换。根据生产数据和采出液离子数据，对 Z 井采取清垢防垢一体化加药工艺，确定了适宜的防垢剂和清垢剂加药量。现场试验结果表明，施工后采出液"分子态垢"减少，机采井示功图恢复正常，延长了检泵周期，证明该一体化加药工艺能够及时清垢，可避免停工二次卡泵，降低作业成本，解决了三元复合驱结垢严重问题，为三元复合驱大面积推广提供了技术支撑。

关键词：三元复合驱；清垢防垢一体化加药工艺；加药量；钙镁离子质量浓度；检泵周期

三元复合驱能够大幅度提高采收率，从先导性试验到工业化推广都取得了较好的驱油效果。矿场试验表明，三元复合驱机采井具有结垢速度快、地层携带物多等特点；垢质积累到一定程度，会导致机采井结垢卡泵[1-4]。为解决这一问题，现场采用井口点滴加药装置注入防垢剂，以延缓机采井结垢[5]；但该装置无法检测机采井生产电流，无法确定机采井结垢情况。针对已经结垢或处于结垢高峰期的机采井，需要周期性清垢，以保证机采井正常生产[6]，但目前的防垢加药装置均无清垢功能。

现场采取清垢解卡作业施工来配合目前的防垢加药装置，该措施无法及时清垢，且作业施工过程中需要机采井停机，存在二次卡泵的风险。为此，研究了一种清垢防垢一体化智能加药工艺。该加药工艺可在加入清垢剂或防垢剂的流程之间自动切换，以达到清垢防垢结合、及时清垢的目的，节约清垢作业成本，延长检泵周期。

1 清垢防垢一体化加药工艺

清垢防垢一体化加药工艺装置（图1）由清垢剂储药桶、球阀、自动换向阀、过滤器、不等量双柱塞泵、混合器、电器控制集成箱、防垢剂储药桶、电极点压力表、自动换向阀、安全阀、放空口组成。其中，清垢剂储药桶底部通过管线、球阀、自动换向阀与过滤器连接，过滤器通过管线与不等量双柱塞泵大泵头下部连接，不等量双柱塞泵两个泵头的上部均通过管线与混合器连接，混合器一个出口通过管线、球阀、高压软管与井口套管连接，另一个出口通过管线与球阀、安全阀、电极点压力表连接，球阀通过管线与放空口连接，安全阀通过管线与自动换向阀连接，自动换向阀通过管线与储药桶上的放空口连接，井口掺水管线通过高压软管与球阀连接，球阀的另一端通过管线与自动换向阀连接，电器控制集成箱通过电缆分别与自动换向阀、不等量双柱塞泵连接[7]。

基金项目：中国石油天然气股份有限公司重大科技专项"大庆油气持续有效发展关键技术研究与应用"课题六"二类油层化学驱油技术研究与规模应用"（2016E-0206）。

第一作者简介：康燕，1972年生，女，高级工程师，现主要从事三次采油增产增注方面研究工作。
邮箱：kangyan@petrochina.com.cn。

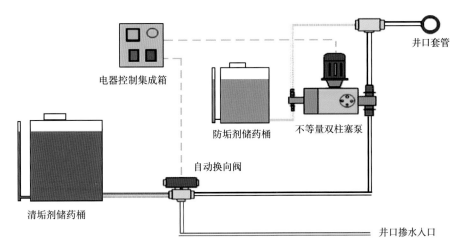

图 1　清垢防垢一体化加药工艺装置示意图

采用清垢防垢一体化加药工艺连续监测机采井生产电流，根据监测到的电流变化情况，可及时有效地对结垢机采井进行清垢，无需等待，实现清垢防垢一体化，降低机采井二次卡泵风险，节省清垢解卡作业施工的费用。

2　试验井

Z 井位于 X 油田开发区的东南部，开采层位为萨 II 1—9，采用 125m×125m 五点法面积井网开采，共布油水井 388 口，其中注入井 188 口，采出井 200 口，注采井数比为 1:1.06。区块含油面积为 3.95km²，地质储量为 458.8×10⁴t，孔隙体积为 816.41×10⁴m³。该区块于 2014 年 7 月开始空白水驱，2018 年 5 月开始注前置聚合物段塞，2018 年 11 月转注三元主段塞。截至 2019 年 9 月注三元液 0.184PV，根据生产数据和采出液离子数据采取清防一体化加药工艺防垢。

2.1　生产情况

以 Z 井为例，Z 井生产情况如表 1 所示。由表可以看出，该井产液量从五六月份开始出现明显下降趋势，分析原因为井下流体孔隙通道受阻，或井下工具出现结垢情况，影响产液量。

表 1　Z 井生产情况统计表

日　期	日产液量（t）	日产油量（t）	含水率（%）	上电流（A）	下电流（A）	备　注
201901	42.4	0.69	98.4	43	42	
201902	40.7	1.24	97.0	44	43	
201903	36.6	1.27	96.6	43	43	
201904	37.1	1.22	96.7	44	44	
201905	32.2	1.02	97.1	43	42	
201906	31.7	1.10	96.6	43	43	
201907	37.6	1.37	96.2	47	45	检泵、酸洗
201908	38.8	1.03	97.3	48	44	酸洗
201909	46.4	1.23	97.3	44	48	
201910	62.1	0.96	98.4	47	45	酸洗、打压

2.2 生产电流曲线

Z 井生产电流情况如图 2 所示。由图可以看

出，该井生产电流从 6 月份开始出现增长趋势，表明抽油机抽汲过程耗能增加，可能井下结垢导致抽汲摩擦阻力增加，负载升高。

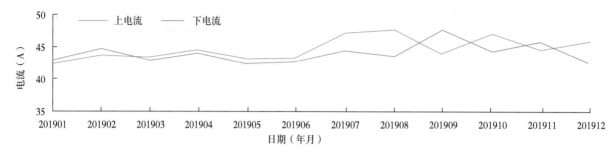

图 2　Z 井生产电流曲线图

2.3 离子分析数据

Z 井采出液离子数据如表 2 所示。由表可以看出，从 5 月份开始，采出液中碳酸根离子质量浓

度出现上涨趋势，7 月份以后，离子质量浓度突升至 2856.18mg/L，同时采出液 pH 值达到 10.05，表明该井已经进入结垢高峰期。

表 2　Z 井采出液离子数据统计表

日期	质量浓度（mg/L）				pH 值
	CO_3^{2-}	HCO_3^-	Ca^{2+}	Mg^{2+}	
20190117	90.21	3699.09	64.77	9.82	8.05
20190203	30.07	3454.53	64.77	14.70	8.01
20190319	60.13	3454.53	101.20	24.55	8.07
20190403	60.13	3515.67	76.91	9.82	8.21
20190507	30.07	3637.95	72.87	17.19	8.01
20190515	60.13	3301.67	89.06	19.64	8.05
20190605	150.33	3668.52	76.91	9.82	8.24
20190618	150.33	3668.52	76.91	9.82	8.24
20190718	240.52	3026.53	72.87	24.55	8.31
20190813	2856.18	1039.41	80.96	14.73	10.05
20190907	2946.37	1161.70	24.29	36.83	10.50
20190922	3427.41	305.71	72.87	17.19	10.00

2.4 作业数据

Z 井作业数据如表 3 所示。由表可以看出，

7 月份该井已经出现不同步现象，表明井下结垢严重，需要进行检泵作业处理。

表 3　Z 井作业数据表

作业原因	作业类型	卡泵日期	作业日期
不同步	检泵	20190704	20190707
运行卡	酸洗	20190722	20190723
运行不同步	酸洗	20190816	
机杆不同步	酸洗	20190829	
运行不同步	酸洗	20191012	20191015
运行不同步	打压	20191028	
运行不同步	打压	20191030	20191031

3　加药量及加药周期设计

3.1　防垢剂加药量设计

Z 井采出液离子数据显示，2019 年 8 月至 9 月，采出液 pH 值为 10~11；钙离子、镁离子质量浓度和均呈下降趋势；碳酸根离子质量浓度呈逐渐上升趋势，碳酸氢根离子质量浓度下降。结合矿场作业表现，判断该井正处于结垢期，应使用防垢剂。

井口采出液防垢剂质量浓度与相关参数关系公式为：

$$C_1 = M/Q \tag{1}$$

式中　　C_1——防垢剂质量浓度，mg/L；

　　　　Q——日产液量，m³；

　　　　M——日加药量，g。

由于 Z 井钙离子、镁离子质量浓度下降速度较快，pH 值升高幅度较大，近期频繁作业，说明该井结垢情况较重。初期设计 Z 井采出液中防垢剂质量浓度为 200mg/L，根据式（1）计算得出具体防垢剂加药方案（表 4），加药量可根据各机采井产液量及采出液中成垢离子质量浓度进行相应的阶段性调整。

表 4　Z 井防垢剂加药方案表

日产液量（m³）	防垢剂质量浓度（mg/L）	日加药量（kg）	初期单次加药量（t）	初期加药周期（d）
62.1	200	12.22	0.4	33

3.2　清垢剂加药量设计

根据室内实验研究数据，适合清垢防垢一体化装置使用的清垢剂达到 1% 具有溶"分子态"垢粒效果。因此，根据 Z 井近期作业间隔周期、产液量及离子变化情况，设计了井下清垢剂质量浓度和加药周期（表 5）。

表 5　Z 井 2019 年清垢剂加药方案表

作业次数	日产液量（m³）	药剂桶规格（t）	单次加药量（t）	加药周期（d）
7	62.1	1	0.7	15

注：日产液量按照 1m³ 约等于 1t 计算。

生产过程中，跟踪现场加药试验效果，根据加药后产液量、采出液离子质量浓度及作业等情况可对防垢剂质量浓度、加药量及加药周期做阶段性调整。如机采井生产电流上升 5A，现场采取一次清垢加药措施，或采出液离子质量浓度化验结果显示处于结垢高峰期，则采取周期性的清垢加药。

清垢剂单次加入量公式为：

$$V = Q\eta C_2 \tag{2}$$

式中　　V——单次加药量，t；

　　　　η——含水率，%；

　　　　C_2——清垢剂含量，%。

4　现场效果

4.1　采出液清垢剂含量和钙镁离子质量浓度

由于 Z 井处于结垢高峰期，结垢趋势严重，3 月份开展周期性清垢剂加药。加药周期为一个月，清垢剂含量为 1%，加药模式为间隔性加药。清垢剂含量随时间变化关系如图 3 所示。同时对加药后 Z 井的采出液成垢离子质量浓度进行跟踪分析，如图 4 所示。从图中可以看出，加药前期，采出液

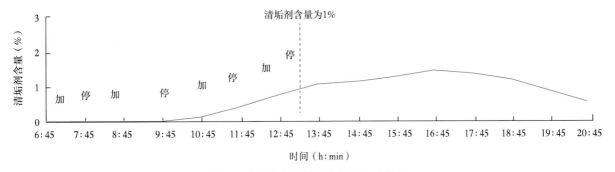

图 3　采出液中清垢剂含量变化曲线图

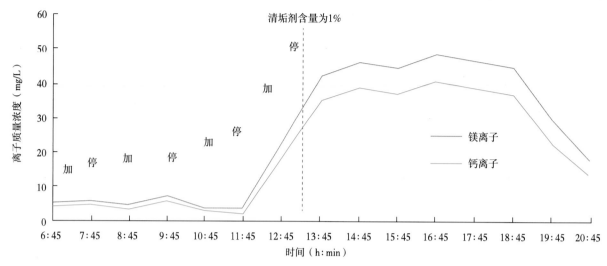

图 4　采出液中钙离子及镁离子质量浓度变化曲线图

中钙离子、镁离子平均质量浓度为 3.8mg/L 和 1.1mg/L；加药 4 小时后，当清垢剂含量达到设计要求 1% 时，采出液中钙离子、镁离子质量浓度分别为 37.5mg/L 和 7.2mg/L。分析原因认为：随着清垢剂含量的提高，清垢剂与溶液中易导致后期结垢的"分子态垢"反应，将溶液中的钙离子、镁离子释放。离子质量浓度增加，后期随着清垢剂含量逐渐下降，钙离子、镁离子质量浓度也逐渐下降，证实了清垢剂与溶液中钙离子、镁离子的影响是正相关的关系，起到清除"分子态垢"的作用。

4.2 示功图

　　Z 井结垢较严重，对加药后该井的示功图进行跟踪（图 5）。由加药前后示功图可以看出，清垢剂加药前抽油机上冲程、下冲程阻力增大，出现振动载荷，属于明显结垢现象，严重时出现卡泵现象，如图 5 所示。加清垢剂前防垢剂质量浓度为 150~200mg/L，仍出现卡泵现象，随后调整加药方案，将防垢剂质量浓度提升至 300mg/L，同时按月周期性投加清垢剂；加入清垢剂后，Z 井示功图恢复正常，且无波动峰出现，机采井运行平稳。

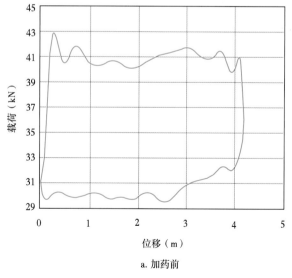

a. 加药前

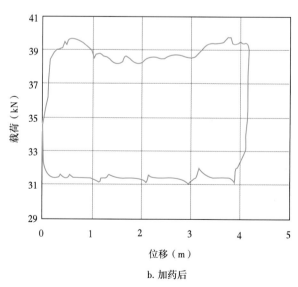

b. 加药后

图 5　Z 井加药前后示功图对比图

4.3 检泵周期

采用清垢防垢一体化工艺加药前，平均检泵周期为 15～20 天，采用清垢防垢一体化工艺加药后，初期加防垢剂试验后，检泵周期延长至 40 天左右；防垢试验半年后，开始投加清垢剂，检泵周期延长至 240 天。Z 井加药前后作业情况如表 6 所示。

表 6　Z 井加药前后作业情况表

加药前		加药后	
作业日期	作业原因	作业日期	作业原因
20190709	卡泵	20191107	卡泵
20190723	卡泵	20191201	卡泵
20190808	不同步	20191231	卡泵
20190817	卡泵	20200308	卡泵
20190831	不同步	20201118	离子异常酸洗
20190927	卡泵		

5　结　论

（1）三元复合驱机采井结垢速度快，防垢装置需要周期性地配合清垢措施以保证机采井正常生产，无法及时清垢。研究一种清垢防垢一体化智能加药工艺，可及时、有效地对结垢机采井进行清垢，无需等待；在防垢的同时做到清垢，实现清垢防垢相结合、清垢防垢一体化。

（2）根据生产数据和采出液离子数据，对 Z 井采取清垢防垢一体化加药工艺防垢，并确定了适宜的防垢剂和清垢剂加药量。

（3）Z 井清垢防垢一体化工艺试验表明，清垢剂起到了清除"分子态垢"的作用，加药后示功图恢复正常。

（4）Z 井采用清垢防垢一体化工艺加药前，平均检泵周期为 15～20 天，采用清防一体化工艺加药，初期加防垢剂试验后，检泵周期延长至 40 天左右，防垢试验半年后，开始投加清垢剂，检泵周期延长至 240 天。

（5）目前采用清防两种药剂，下一步建议进一步研发清防一体药剂，实现一剂多能，简化装置，降低成本。

参考文献

[1]　程杰成，王德民，李群，等.大庆油田三元复合驱矿场试验动态特征 [J].石油学报，2002，23（6）：37-40.

[2]　于涛，荆国林，黎钢，等.三元复合驱结垢机理研究：NaOH 对高岭石和蒙脱石的作用 [J].大庆石油学院学报，2001，25（2）：28-30.

[3]　王玉普，程杰成.三元复合驱过程中的结垢特点和机采方式适应性 [J].大庆石油学院学报，2003，27（2）：20-22.

[4]　徐典平，薛家锋，包亚臣，等.三元复合驱油井结垢机理研究 [J].大庆石油地质与开发，2001，20（2）：98-100.

[5]　曾宪涛.三元复合驱采出井结垢规律与防治对策研究 [J].石油化工高等学校学报，2019，32（3）：46-50.

[6]　付亚荣，王鹏举，曹瑾，等.三元复合驱后油井清防结垢方法及应用 [J].新疆石油天然气，2016，12（1）：78-80.

[7]　大庆油田有限责任公司.一种清垢防垢一体化智能加药工艺：中国，201611126810.7 [P].2017-03-15.

污水中有害细菌对采出水再利用的影响研究

刘蕊娜，刘文涛

（大庆油田有限责任公司第一采油厂）

摘　要：针对油田回注污水中细菌对注入系统的影响开展研究。通过室内实验、现场跟踪，分析细菌对水质恶化、管线腐蚀及注入体系黏度的影响。针对不同有害细菌对聚合物溶液黏度的影响，分析得出细菌含量越大对聚合物溶液的降解作用越明显，24 小时最高黏度降解率情况为铁细菌（87%）>硫酸盐还原菌（82%）>腐生菌（58%），15 天最高黏度降解率为铁细菌（92%）= 腐生菌（92%）>硫酸盐还原菌（90%）。总结了细菌降解聚合物机理，即铁细菌破坏聚合物结构后，腐生菌、硫酸盐还原菌会进一步利用中间产物进行营养代谢，最终几种微生物通过协同代谢机制完成聚合物的降解，聚合物的黏度因此降低。该研究表明，有效控制有害细菌数量对保证注入体系质量和管道设备防腐具有重要意义。

关键词：细菌；注入系统；恶化水质；腐蚀结垢；降解化学剂

随着大庆油田聚合物驱开发规模的扩大，清水用量大幅度增加，增加了聚合物驱开发成本，导致采注用水失衡，同时出现污水外排等问题。目前大庆油田开发了含油污水配制聚合物的可行技术，并在多个聚合物驱现场区块应用，以缓解含油污水回注困难的矛盾。

该技术在现场应用中也存在一些问题：在油田注水系统中，各种微生物在生长、代谢、繁殖的过程中，可以引起注水管线、钻采设备及其他金属材料的严重腐蚀、堵塞管道甚至伤害油层，给原油加工带来严重困难，并引起石油产量、注水量、油气质量下降，造成极大的经济损失[1-2]。有害细菌的生长，一是会恶化水质，二是对金属设备造成穿孔腐蚀，三是能促使聚合物、三元体系驱油化学药剂的降解，黏度降低导致波及系数降低，影响开发效果。因此针对油田回注污水中细菌对注入系统在以上几方面的影响开展研究，通过室内实验、现场跟踪、微生物对聚合物降黏机理探索等多方面进行研究。

1 细菌对水质的影响研究

1.1 水质现状分析

对注水站水质中细菌现状调查，随机选取大庆油田 7 个注水站，对水质及细菌情况进行检测调查（表 1 至表 3），调查结果可以看出目前注入污水水质较差，细菌含量严重超标，硫酸盐还原菌、污水含油量、悬浮固体含量 3 项指标均不合格。

表 1　大庆油田部分注水站水质调查表

序号	取样地点	悬浮物含量（mg/L）	含油量（mg/L）	硫酸盐还原菌（个/mL）	腐生菌（个/mL）	铁细菌（个/mL）	含聚浓度（mg/L）	判断结论（3 项指标）
1	1 号注水站	7.78	8.91	≥2.5×10⁴	250	250	386.91	不合格
2	2 号注水站	20.00	60.61	2500	600	1300	303.87	不合格
3	3 号注水站	15.38	20.15	≥2.5×10⁴	6000	≥2.5×10⁴	273.96	不合格

第一作者简介：刘蕊娜，1981 年生，女，高级工程师，现主要从事三次采油相关化学剂评价及驱油机理等室内研究工作。邮箱：48434046@qq.com。

续表

序号	取样地点	悬浮物含量（mg/L）	含油量（mg/L）	硫酸盐还原菌（个/mL）	腐生菌（个/mL）	铁细菌（个/mL）	含聚浓度（mg/L）	判断结论（3项指标）
4	4 号注水站	13.75	9.89	1300	600	≥2.5×10⁴	229.44	不合格
5	5 号注水站	13.64	5.95	2500	130	≥2.5×10⁴	368.86	不合格
6	6 号注水站	13.79	5.60	600	1300	2500	401.63	不合格
7	7 号注水站	10.00	9.30	1300	≥2.5×10⁴	≥2.5×10⁴	320.59	不合格

表2　注水站水质3项化验标准表

检测项目	含油量（mg/L）	悬浮物含量（mg/L）	硫酸盐还原菌（个/mL）
标准名称	大庆油田油藏水驱注水水质指标及分析方法	油田注水悬浮固体含量测定方法	油田注入水细菌分析方法
标准编号	Q/SY DQ0605—2006	Q/SY DQ1281—2009	SY/T 0532—2012
适用范围	油田水处理站、注水站	pH 值为 5~11 的油藏注入水、采出水	适用于油田注入水
检测方法	萃取分离，分光光度法	含聚浓度不小于 100mg/L，使用滤膜孔径 0.45μm 双层滤膜过滤，质量法	绝迹稀释法

表3　注水站水质指标分解表

空气渗透率（D）	含油量（mg/L）	悬浮物含量（mg/L）	硫酸盐还原菌（个/mL）
<0.1	≤5.0	≤5.0	≤10²
0.1~0.3	≤10.0	≤10.0	≤10²
0.3~0.6	≤15.0	≤15.0	≤10²
>0.6	≤20.0	≤20.0	≤10²

随着化学驱规模不断扩大，油田污水中成分更趋复杂，采出液聚合物含量呈逐年上升趋势，且细菌数量不小于 $2.5×10^4$ 个/mL，严重超标。

1.2 细菌对水质影响

在油田水系统中，常含硫酸盐还原菌（SRB）、铁细菌（FB）、腐生菌（TGB）、藻类、硫细菌、酵母菌、霉菌、原生动物等微生物，其中数量最多、危害最大的是硫酸盐还原菌、铁细菌和腐生菌[3-4]。

通过向加入杀菌剂前后污水中投加不同数量的细菌，观察水质变化情况，总结分析不同细菌对水质恶化程度的影响。从图1可以看出，在污水中加入杀菌剂前后，在污水中投加不同数量的细菌（质量分数为 1%~10%），培养 7 天后状态出现了明显差别。室内实验污水加入 SRB 后，随着细菌质量浓度增加出现变黑发臭现象；加入 FB 后，随着细菌质量浓度增加出现棕色黏泥；加入 TGB 后，随着细菌质量浓度增加出现细菌黏膜。

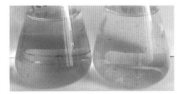

污水+杀菌剂+SRB　污水+SRB　　　污水+杀菌剂+FB　污水+FB　　　污水+杀菌剂+TGB　污水+TGB

1%SRB　5%SRB　10%SRB　　　1%FB　5%FB　10%FB　　　1%TGB　5%TGB　10%TGB

图1　加入杀菌剂前后污水中投加不同数量的细菌培养 7d 状态图

分析不同细菌恶化水质有如下原因：

硫酸盐还原菌：腐蚀产物硫化亚铁和氢氧化亚铁沉淀与水中离子共同沉积成污垢，硫化亚铁直接导致水质明显恶化，水变黑、发臭。

腐生菌：大量繁殖的结果是形成黏膜，增加水中的悬浮物及肉眼可见物。

铁细菌：使高铁化合物在铁细菌胶质鞘中沉积下来。

2 细菌对管线腐蚀影响分析

溶解氧、侵蚀性 CO_2、Cl^- 过量引起的吸氧腐蚀、酸性腐蚀和点蚀是导致注水管线腐蚀的主要原因，Ca^{2+}、细菌含量超标造成的结垢腐蚀和细菌腐蚀对其亦有一定影响。微生物腐蚀虽然与 CO_2、Cl^- 和溶解氧腐蚀相比引起的腐蚀较轻，但它们对注水管线的腐蚀作用也不容小觑。通过注水站挂片实验的不同腐蚀程度挂片照片（图 2）可以直观

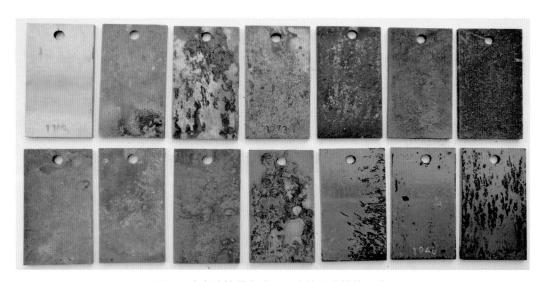

图 2　注水站挂片实验不同腐蚀程度挂片照片

地观察到污水腐蚀程度严重，致使挂片严重结垢腐蚀生锈。

3 细菌对聚合物降解研究

3.1 细菌对聚合物溶液黏度影响

细菌的存在会加快聚合物溶液降解，造成聚合物溶液黏度损失。从图 3 可以看出，室内通过分析加杀菌剂前后污水配制聚合物溶液黏度的变化，并计算出 30 天黏度保留率（76%，65%，78%，61%），得出细菌的存在会加快聚合物溶液降解，细菌对聚合物溶液的降黏率达到 11%～17%。

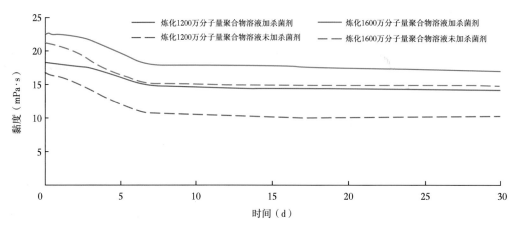

图 3　加杀菌剂前后聚合物溶液黏度稳定性曲线图

3.2 不同水质下聚合物的降解程度分析

室内分别配制不同清水配制污水稀释（简称清配污稀）的聚合物溶液和污水配制污水稀释（简称污配污稀）的聚合物溶液，定期跟踪检测黏度，对比分析不同水质下聚合物的降解程度。从图 4 可以看出，通过对比得出污配污稀聚合物溶液的降解程度大于清配污稀聚合物溶液的降解程度。从图 5 可以看出，不同水质下聚合物网状结构紧密程度差距大，与聚合物抗盐性有一定关系。从细菌角度分析，清水中缺乏微生物生长所需的无机盐，限制了细菌生长繁殖。所以综合上述原因导致污水体系中细菌对聚合物溶液黏度影响更大。

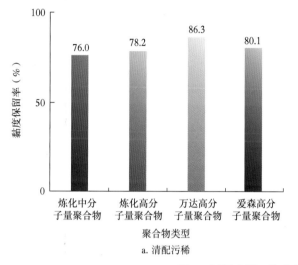
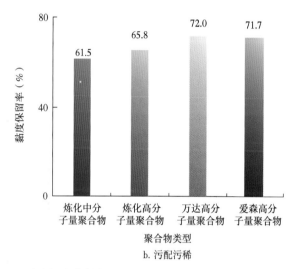

a. 清配污稀　　　　　　　　　　　　b. 污配污稀

图 4　不同水质下聚合物的 15d 黏度保留率柱状图

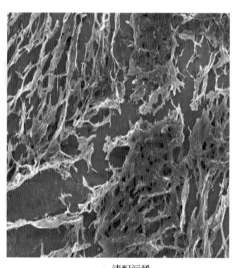

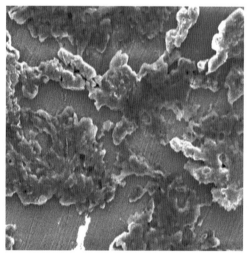

a. 清配污稀　　　　　　　　　　　　b. 污配污稀

图 5　不同水质下聚合物体系扫描电镜图

3.3 不同细菌种类降黏程度研究

油田水系统中硫酸盐还原菌（SRB）、铁细菌（FB）和腐生菌（TGB）的大量存在会降低聚合物溶液的黏度。在聚合物溶液中只要有一种微生物存活良好，也有降低聚合物溶液黏度的作用，仅是降低聚合物溶液黏度的效果不同。

室内用清配污稀的方法配制 300mL、1000mg/L 中分子量的聚合物溶液，分别注入 1mL 长满铁细菌、腐生菌和硫酸盐还原菌的培养基，搅拌均匀，封瓶，放置在 45℃的恒温箱中定期检测黏度。不同细菌对聚合物溶液黏度影响如图 6 所示。

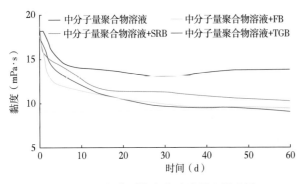

图 6　不同细菌对聚合物溶液黏度影响图

通过室内模拟实验初步得出结论：短期（3 天）之内（站内井口注入端）细菌对聚合物溶液黏度影响程度为 FB>SRB>TGB，长期（15~60 天）进入地层之后细菌对聚合物溶液黏度影响程度为 FB≈TGB > SRB。室内实验无法完全模拟现场厌氧环境，并且 SRB 需要在有其他细菌和铁离子相互协调作用下发挥降解效果，因此室内实验中 SRB 对聚合物溶液黏度影响效果不显著。

3.4 不同细菌数量对聚合物溶液的降解作用研究

室内污配污稀配制 100mL 分子量为 1200 万和 1600 万的聚合物溶液（质量浓度为 1000mg/L），分别注入 1mL、5mL、10mL 长满铁细菌、腐生菌和硫酸盐还原菌的培养基溶液，定期检测聚合物溶液黏度，研究不同细菌数量对聚合物溶液的降解作用。实验过程的现象及不同细菌数量对 1200 万、1600 万分子量聚合物溶液黏度影响效果如图 7 至图 9 所示。

通过以上分析得出以下几点认识：

（1）细菌含量越多，对聚合物溶液的降解作用越明显。

（2）24 小时最高黏度降解率 FB（87%）>SRB（82%）>TGB（58%）。

（3）15 天最高黏度降解率 FB（92%）= TGB（92%）>SRB（90%）。

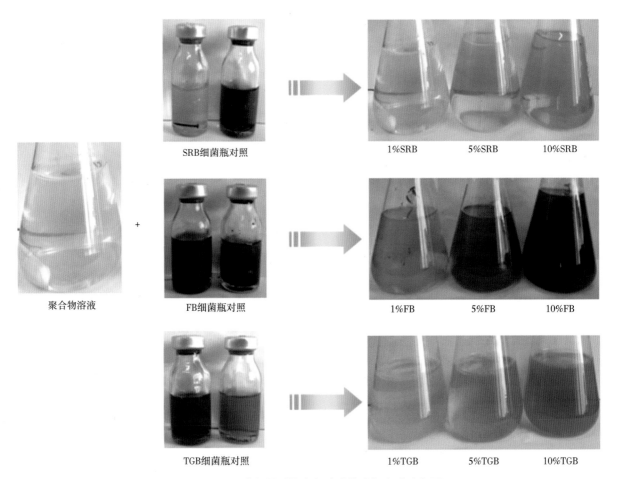

图 7　不同细菌数量对聚合物溶液的降解实验流程图

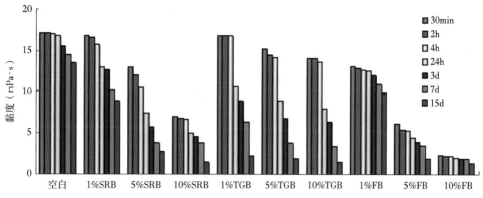

图 8　不同细菌数量对 1200 万分子量聚合物溶液黏度影响效果图

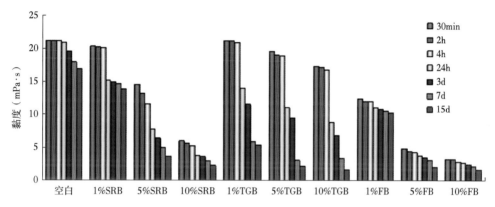

图 9　不同细菌数量对 1600 万分子量聚合物溶液黏度影响效果图

3.5 细菌繁殖产物对聚合物的降解

通过向 1000mg/L 中分子量聚合物溶液中加入不同质量浓度 Na_2S、$FeSO_4$、$FeCl_3$，研究 Fe^{2+}、Fe^{3+}、S^{2-} 对聚合物溶液黏度影响。室内实验在正常有氧情况下，研究得出细菌降解聚合物过程缓慢，但从图 10、图 11 可以看出，细菌产物 Fe^{2+}、Fe^{3+}、S^{2-} 可以在短时间内让聚合物溶液黏度大幅下降。从图 10 可以看出，S^{2-} 在 15mg/L 时出现拐

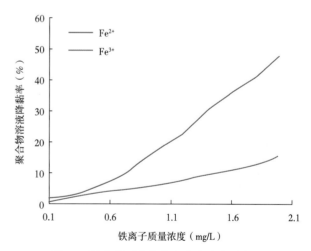

图 11　铁离子对聚合物溶液降黏率影响图

点，聚合物溶液降黏率上升趋势趋于平缓。同时得出不同离子对聚合物溶液黏度影响程度为 $Fe^{2+}>Fe^{3+}>S^{2-}$，高价阳离子容易引起聚合物的交联，使聚合物从溶液中沉淀出来，Fe^{2+} 具有较强的还原性，易发生氧化还原反应，加速溶液中自由基的生成，导致聚合物骨架断裂。

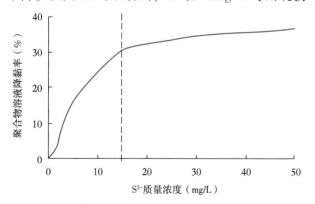

图 10　S^{2-} 质量浓度对聚合物溶液降黏率影响图

3.6 细菌降解聚合物机理探讨

细菌和聚合物接触后并不立即进行分解反应，而要经过一段时间的诱导适应，通过活化使细菌经历了诱导适应过程后再与溶液中的聚合物接触，就会大大缩短诱导时间，使细菌获得新的分解能力或大大提高其分解能力。微生物的这种适应性在文献中曾有报道[5]。微生物在降解过程中一方面以聚合物为营养源，产出降解聚合物的酶系而破坏聚合物结构，使聚合物分子链分解，从而降低聚合物溶液黏度；另一方面聚合物降解菌可以加快聚合物酰胺基水解，增加聚合物分子、聚合物链段间的排斥力。由于部分酰胺基水解生成羧基，导致微生物作用后聚合物溶液黏度下降。

油田的污水中除含有大量的金属离子外，还含有大量的细菌，它们不但本身能降解聚合物，而且有些细菌的代谢产物也是降解聚合物的主要物质，如硫酸盐还原菌。硫酸盐还原菌（SRB）是油田污水对聚合物溶液黏度影响很大的细菌之一。硫酸盐还原菌在利用聚丙烯酰胺为碳源的同时，把硫酸盐、亚硫酸盐、硫、硫代硫酸盐和连二亚硫酸盐还原成 H_2S，并可能把氢用作供氢体。有机物作为细胞合成的碳源和电子供体，将还原为硫化物。聚合物作为营养源，对细菌繁殖速度具有促进作用，同时细菌对聚合物具有降解作用（使聚合物溶液黏度降低）[6]。含油污水中有害硫化物升高的主要原因是，油田注水开发过程中注入水将 SRB 带入地层，致使 SRB 在地层中大量繁殖；硫酸根在 SRB 的作用下，产生 S^{2-}，S^{2-} 水解产生有害硫化物，使水中有害硫化物升高。对聚合物驱含油污水，聚合物可作为营养源，加速生长与繁殖。由于繁殖速度加快，与硫酸根作用产生有害硫化物的速度也加快[7]。

FB 破坏聚合物结构后，TGB、SRB 进一步利用中间产物进行营养代谢，最终几种微生物通过协同代谢机制完成聚合物的降解，聚合物溶液的黏度因此降低。

4 结 论

（1）针对细菌对水质、注入系统设备管线腐蚀及注入体系黏度的影响分析，得出有效控制有害菌数量对水质提高、管道设备防腐及提高注入质量具有重要意义。

（2）研究了细菌对聚合物溶液黏度的影响，总结了细菌降解聚合物机理，即 FB 破坏聚合物结构后，TGB、SRB 进一步利用中间产物进行营养代谢，最终几种微生物通过协同代谢机制完成聚合物的降解，聚合物溶液的黏度因此降低。

参考文献

[1] 陆柱，郑士忠. 油田水处理技术 [M]. 北京：石油工业出版社，1990：1-64.

[2] 邱学青，肖锦. 硫酸盐还原菌的腐蚀性与杀菌处理的缓蚀效果研究 [J]. 油田化学，1991，8（2）：149-152.

[3] 宁廷伟. 注入水杀菌剂在胜利油田的应用和发展 [J]. 油田化学，1998，15（3）：285-288.

[4] 张学佳，纪巍，康志军，等. 三元复合驱采油技术进展 [J]. 杭州化工，2009，39（2）：5-8.

[5] 姜海峰. 粘弹性聚合物驱提高驱油效率机理的实验研究 [D]. 大庆：大庆石油学院，2008.

[6] 兰玉波. 化学驱波及系数和驱油效率的研究 [D]. 大庆：大庆石油学院，2006.

[7] 陈霆，孙志刚. 不同化学驱油体系微观驱油机理评价方法 [J]. 石油钻探技术，2013，41（2）：87-91.

昌德区块致密砂砾岩储层高效压裂
开采技术研究与应用

费 璇

(大庆油田有限责任公司采气分公司)

摘 要：为实现昌德区块致密砂砾岩储层的高效开采，针对区块储层埋藏深、致密低渗透等特征，确立了以固井密集切割压裂改造的思路。通过分析不同压裂完井工艺在水平井开发中的适应性，并对不同完井工艺对比分析优选，确立了适合该区块的压裂完井工艺。现场应用 4 口水平井，日产气量达到 $32.4\times10^4\mathrm{m}^3$，单井产气量与区块以往产气量相比提高了 $10.7\times10^4\mathrm{m}^3/\mathrm{d}$。该研究成果为同类区块难采储量有效动用提供了技术参考。

关键词：昌德区块；砂砾岩；致密储层；水平井；压裂

昌德气田区域构造位于深层徐家围子断陷西部斜坡带与古中央隆起衔接部，毗邻徐深气田主产区徐深 1 区块[1]。1991 年 5 月，芳深 A 井投入试采揭开了昌德气田开发的序幕。目前压裂完井改造应用较多的工艺有裸眼分段完井压裂、固井桥塞分段压裂、无限级固井滑套分段压裂、连续油管喷砂射孔环空加砂压裂等工艺，各技术均有一定的适应性[2-6]。昌德深层致密储层具有埋藏深、致密低渗透等特征，为实现气藏有效动用，需进一步探索适用于该类型气藏的经济、高效开发模式。

1 致密气藏特点及压裂改造难点

昌德气藏储层深度为 3100m，平均孔隙度为 3.2%，平均渗透率为 0.51mD，地温梯度为 3.85℃/100m，储层压力系数为 1.055，总体上属于中孔、低渗或特低渗储层，温度及压力系统正常。目的层为登娄库组砂岩储层及营城组砂砾岩储层，由于储层致密气井产量低、稳产能力差，一直没有实现有效动用。

制约昌德区块致密砂砾岩气藏有效开发的难点主要表现在两个方面：一是砂砾岩储层埋藏深、致密低渗透，储层横向变化快，准确找到砂砾岩储层甜点区难度大，气井产量低、稳产能力差，常规水平井压裂动用储量范围有限，尚无有效提高产能的开发方式；二是营四段砂砾岩储层直井和水平井压裂后增产效果不理想，存在砾块碎落堵塞缝口、压裂施工困难的问题，储层难以得到有效改造。

2 致密砂砾岩压裂改造技术

2.1 压裂改造思路

2018 年之前昌德气田内共有工业气流井 8 口，主要压裂改造工艺采用直井压裂方式试气，无阻流量仅为 $(2.0\sim18.0)\times10^4\mathrm{m}^3/\mathrm{d}$，平均无阻流量为 $6.3\times10^4\mathrm{m}^3/\mathrm{d}$。其中 3 口井为登娄库组砂岩储层，5 口井为营城组砂砾岩储层。试气表明，砂砾岩储层产气量普遍高于砂岩储层，水平井分段体积压裂能够有效扩大改造体积，高倍增产。昌德气田产能分布如图 1 所示。

作者简介：费璇，1987 年生，女，工程师，现主要从事气井开采工艺管理工作。

邮箱：feixuan@ petrochina. com. cn。

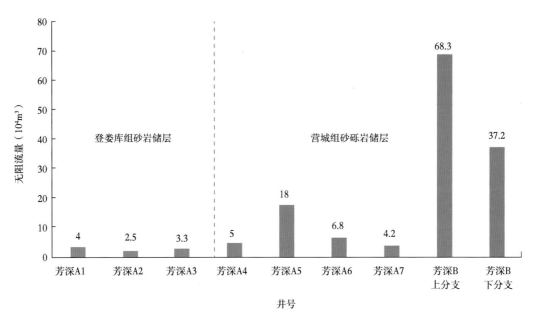

图 1 昌德气田产能分布图

昌德区块内仅芳深 B 井一口水平井，岩性为砂砾岩。以该井为压裂设计参考井，区块新部署井位储层与芳深 B 井上分支储层相似。该井上分支测试压裂解释表明，压降较大，反映储层基质滤失偏大，净压较高，G 函数反映微裂缝不发育。根据大庆深层气井多年研究与试验确定的气井压裂工艺总体优选原则，即针对裂缝不发育储层，需应用固井桥塞分段压裂工艺，利用缝间干扰，以大排量、大规模方式构建体积裂缝，提高单井产气量。

2014 年 9 月—12 月，芳深 B 井上分支 9 段裸眼分段压裂，累计打入压裂液 6871.6m³、支撑剂 251.0m³，返排率为 18.15%，用 9.53mm 油嘴试气（图 2），油压为 23.48MPa，试气为 $21.7 \times 10^4 m^3/d$，计算无阻流量为 $68.3 \times 10^4 m^3/d$，全烃含量为 85.70%，CO_2 含量为 12.50%。2017 年 11 月 5 日投产，产气量为 $6.91 \times 10^4 m^3/d$，油压为 27.8MPa。目前日产气量为 $14.83 \times 10^4 m^3$，油压为 18.6MPa，压力、产气量平稳。

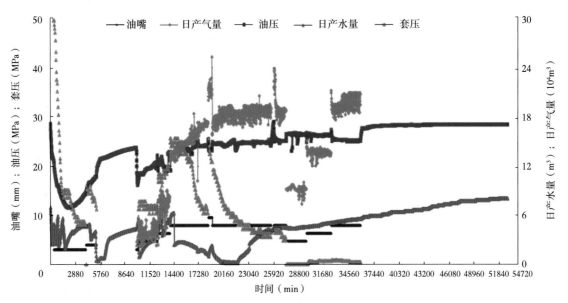

图 2 芳深 B 井上分支试气曲线图

试气情况认识：初期产气量稳定，说明压裂改造充分，体积压裂思路正确，进而确立水平井进一步提高改造规模密集切割改造的总体思路。

2.2 压裂改造设计

应用芳深 B 井上分支实际产气量反演地层渗透率，该井采用 9 段裸眼分段压裂，9.53mm 油嘴试气，油压为 23.48MPa，试气为 $21.7×10^4m^3/d$，计算无阻流量为 $68.3×10^4m^3/d$。根据储层实际压裂后产气量反演地层参数，反演储层渗透率为 0.85mD。

应用芳深 B 井反演渗透率参数对本井进行产气量模拟，反演储层渗透率模拟不同裂缝条数时压裂后产气量分析，随着裂缝条数的增加可提高单井的初期产气量。但 360 天后累计产气量增加幅度不大。按照水平段钻遇率为 100% 预测（图3），推荐模拟压裂 23 段，单条裂缝半长为 190～200m，压裂后初期日产气量为 $25.9×10^4m^3$，具体施工参数如表 1 所示[7-8]。

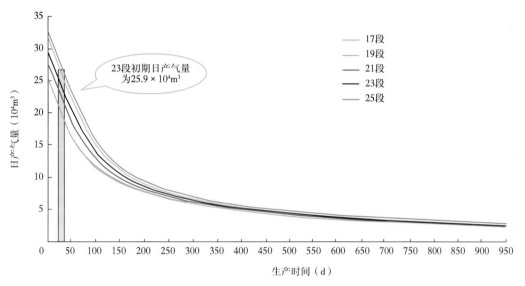

图 3　钻遇率为 100% 时不同裂缝条数产气量模拟结果图

表 1　昌德区块水平井施工参数优化结果表

段数	有效水平段（m）	裂缝半长（m）	排量（m³/min）	单段支撑剂（m³）	总支撑剂（m³）	单段液量（m³）	总液量（m³）	钻遇率（%）
23	1050	190～200	10～12	60	1380	1000	23000	100

2.3 压裂改造工艺

目前水平井开发是致密砂砾岩储层开发的主要方式。而在完井压裂工艺上来讲，主要包括裸眼分段完井压裂工艺、固井桥塞分段压裂工艺、无限级固井滑套分段压裂工艺等几类[9]。

其中裸眼分段完井压裂工艺应用较为广泛，但该工艺比较适合裂缝发育及漏失层，以发挥天然裂缝产能[10]；固井桥塞分段压裂工艺（图4）虽然适合致密储层压裂改造，但是施工效率低，同时施工过程对套管及井眼质量要求高，压裂后往往需要钻塞[11]；无限级固井滑套分段压裂工艺（图5）既能满足致密储层密集切割改造，实现储层定点开裂，

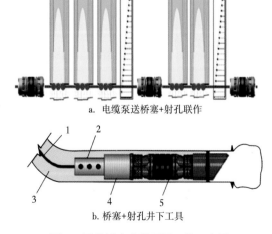

a. 电缆泵送桥塞+射孔联作

b. 桥塞+射孔井下工具

图 4　固井桥塞分段压裂工艺示意图

1—电缆；2—射孔枪；3—水力推送；4—坐封工具；5—桥塞

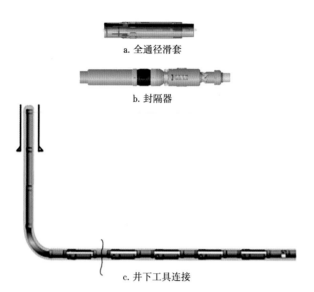

a. 全通径滑套

b. 封隔器

c. 井下工具连接

图 5　连续油管无限级固井滑套分段压裂工艺示意图

同时能通过连续油管打开滑套，压裂施工效率高，通过严格配置连续油管地面防喷设备能够实现安全高效施工[12]。

从工艺的适应性上来看，无限级固井滑套分段压裂工艺和固井桥塞分段压裂工艺是致密储层开发的主要方式（表 2）。

表 2　水平井压裂完井工艺对比表

项目	无限级固井滑套分段压裂工艺	裸眼分段完井压裂工艺	固井桥塞分段压裂工艺
多段压裂	满足	满足	满足
无需钻塞	满足	满足	可溶桥塞工艺满足
作业风险	连续油管施工带来井控风险	滑套打开无显示，斜井段套管断脱	泵送桥塞遇阻、连续油管钻塞作业风险
任意选择压裂位置	不满足	不满足	满足
施工效率	连续油管打开滑套直接压裂，效率高	需泵送压裂球，影响施工效率	需泵送电缆桥塞工具串并射孔，效率低
适用储层	致密储层	裂缝发育及漏失储层	致密储层

因此，为进一步探究无限级固井滑套分段压裂工艺和固井桥塞分段压裂工艺在昌德气田致密砂砾岩的适应性，开展了工艺应用对比试验。

3　应用效果

2019—2020 年，在昌德区块部署水平井 4 口，其中应用无限级固井滑套分段压裂工艺 2 口井，应用固井桥塞分段压裂工艺 2 口井。

3.1　无限级固井滑套分段压裂

在芳深 A 井及芳深 B 井开展无限级固井滑套分段压裂工艺现场应用。分别设计压裂 30 段、22 段，实际实施过程完成全部压裂段改造，目前稳定产气量分别为 $10 \times 10^4 \mathrm{m}^3/\mathrm{d}$、$8 \times 10^4 \mathrm{m}^3/\mathrm{d}$。

3.2　固井桥塞分段压裂

在芳深 C 井及芳深 D 井开展固井桥塞分段压裂工艺现场应用。分别设计压裂 35 段、23 段，实际完成 27 段及 13 段压裂。2021 年 6 月，芳深 C 井已经因产气量低关井。截至 2021 年 6 月，芳深 D 井稳定产气量为 $6.5 \times 10^4 \mathrm{m}^3/\mathrm{d}$。

3.3　工艺效果对比

从压裂改造效果来看（表 3），无限级固井滑套分段压裂工艺较固井桥塞分段压裂工艺压裂改造成功率更高，改造增产效果更好，压裂施工段数的执行率达到 100%。而固井桥塞分段压裂工艺在实际施工过程中由于泵送桥塞遇阻等一系列施工问题，压裂施工段数的执行率为 57%～77%，未能较好地执行方案设计指标，影响了工艺的实施效果。

表 3　工艺应用效果对比表

井号	压裂工艺	压裂段数（段）	压裂后初期产气量（$10^4 \mathrm{m}^3/\mathrm{d}$）
芳深 A	无限级固井滑套分段压裂	30	33.6
芳深 B	无限级固井滑套分段压裂	22	31.2
芳深 C	固井桥塞分段压裂	27	4.0
芳深 D	固井桥塞分段压裂	13	14.6

施工效果表明，无限级固井滑套分段压裂工艺在昌德气田实施后取得了平均单井为 32.4×$10^4 m^3/d$ 产气量的理想效果。在施工效率、方案执行率方面具有优势，后续可以在该区块进一步推广应用。

4 结　论

（1）昌德气田砂砾岩储层致密，通过水平井大规模体积压裂改造的高效实施，取得了区块产能突破。

（2）无限级固井滑套分段压裂工艺措施效果显著，可作为昌德区块水平井开发的重要压裂工艺。固井桥塞分段压裂工艺由于应用井数较少，可在后续试验过程中进一步探索在昌德区块的适应性。

（3）通过无限级固井滑套分段压裂施工现场试验证明，大规模、精细分层体积压裂是昌德气田致密砂砾岩储层的有效改造工艺途径。

（4）水平井无限级固井滑套分段压裂工艺、固井桥塞分段压裂工艺分别存在施工规模小、成功率低等问题，需要在后续应用中对工艺进行完善改进，并适时引入新工艺，进一步推动昌德气田致密砂砾岩气藏的高效开发。

参考文献

[1] 戴文潮，秦金立，薛占峰，等. 一球多簇分段压裂滑套工具技术研究 [J]. 石油机械，2014，44（8）：103-106.

[2] 柴国兴，刘松，王慧莉，等. 新型水平井不动管柱封隔器分段压裂技术 [J]. 中国石油大学学报（自然科学版），2010，34（4）：141-145.

[3] 马发明，桑宇. 连续油管水力喷射压裂关键参数优化研究 [J]. 天然气工业，2008，28（1）：76-78.

[4] 田守嶒，李根生，黄中伟，等. 连续油管水力喷射压裂技术 [J]. 天然气工业，2008，28（8）：61-63.

[5] 苏新亮，李根生，沈忠厚，等. 连续油管钻井技术研究与应用进展 [J]. 天然气工业，2008，28（8）：55-57.

[6] 朱玉杰，郭朝辉，魏辽，等. 套管固井分段压裂滑套关键技术分析 [J]. 石油机械，2013，41（8）：102-106.

[7] 任丽娟. 致密油水平井体积压裂裂缝间距优化及分段产能评价 [G]∥大庆油田有限责任公司采油工程研究院. 采油工程文集 2018 年第 3 辑. 北京：石油工业出版社，2018：59-62.

[8] 胡智凡，于英，裴永梅，等. 低渗透水平井暂堵转向多分支缝重复压裂增产技术 [G]∥大庆油田有限责任公司采油工程研究院. 采油工程 2019 年第 1 辑. 北京：石油工业出版社，2019：50-52.

[9] 秦金立，陈作，杨同玉，等. 鄂尔多斯盆地水平井多级滑套分段压裂技术 [J]. 石油钻探技术，2015，43（1）：7-12.

[10] 郭建春，赵志红，赵金洲，等. 水平井投球分段压裂技术及现场应用 [J]. 石油钻采工艺，2009，31（6）：86-95.

[11] 韩永亮，刘志斌，程智远，等. 水平井分段压裂滑套的研制与应用 [J]. 石油机械，2011，39（2）：64-65.

[12] 李玉宝，吕玮. 水平井水力喷射分段压裂技术研究与应用 [J]. 内蒙古石油化工，2011（3）：26-28.

低能耗机采系统优化设计技术应用效果分析

孙桐建

（大庆油田有限责任公司采油工程研究院）

摘　要：为探索进一步提高长垣老区抽油机井系统效率、降低举升能耗的有效途径，开展了低能耗机采系统优化设计技术扩大试验。以扩大试验现场数据和应用效果为基础，通过对比分析该技术与常规优化设计技术的差异，从检泵作业可优化调整的泵径、泵深、冲程、冲次等参数进行了细致、深入的分析，归纳总结出不同参数的优化调整方向和规律，摸清了影响抽油机井能耗的主控因素和变化规律。统计 70 口试验井应用效果，平均单井产液量增加了 10.9%，平均百米吨液耗电量从 1.09kW·h 下降至 0.63kW·h，平均节电率达到 42.3%，取得了较好的试验效果。低能耗机采系统的应用为检泵井优化设计和规划方案举升工艺精细化设计提供了手段。

关键词：低能耗；抽油机井；机采系统；优化设计；系统效率；节电率

截至 2020 年底，大庆油田抽油机井 6.1 万口，占机采井总数的 81%，年耗电量约为 $36×10^8$kW·h，约占油田生产总耗电量的 1/4，作为油田的主要耗能设备，对整个油田的综合开发效益影响较大。目前抽油机井平均系统效率为 25.28%，仍有进一步挖潜空间。近年来，随着提质增效工作的深入开展，油田在用的机采系统优化方法取得了长足进步[1]；但因无法准确预测采油井举升能耗，制约了优化设计精准的进一步提升。为此开展了低能耗机采系统优化设计技术现场试验，并探索进一步提高抽油机井系统效率的有效手段和方法。

1 技术原理及现场试验

2019 年在大庆油田 3 口水驱抽油机井上，应用低能耗机采系统优化设计技术进行了前期试验，平均系统效率提高 20.5 个百分点，节能率达到 35.5%，取得了一定效果，如表 1 所示。

表 1　大庆油田 3 口水驱抽油机井应用低能耗机采系统优化设计技术实施前后效果对比表

井号	状态	额定功率（kW）	有功功率（kW）	功率因数	日耗电（kW·h）	动液面深度（m）	泵深（m）	泵径（mm）	产液量（t/d）	冲次（min⁻¹）	系统效率（%）	吨液耗电量（kW·h）	节能率（%）
井 1	应用前	30	5.82	0.602	139.59	583.00	953.90	44	26.70	5.1	30.24	5.38	11.71
	应用后	20	5.40	0.198	129.48	644.00	900.30	70	31.20	2.7	40.45	4.75	
井 2	应用前	33	9.48	0.318	227.41	517.00	848.20	57	25.00	5.1	14.40	9.74	52.27
	应用后	20	4.68	0.202	112.37	723.00	821.20	70	28.80	2.7	46.60	4.65	
井 3	应用前	45	9.12	0.334	236.12	667.00	812.60	70	35.80	3.4	21.70	6.60	42.63
	应用后	24	5.93	0.174	142.27	706.00	810.80	83	37.60	1.4	40.82	3.78	
平均值	应用前		8.14	0.418	201.04	589.00	871.57	57	29.17	4.5	22.11	7.24	35.54
	应用后		5.34	0.191	128.04	691.00	844.10	74	32.53	2.3	42.62	4.39	

作者简介：孙桐建，1983 年生，男，工程师，现主要从事采油工程规划编制和相关科研攻关工作。

邮箱：cy7_suntongjian@ petrochina.com.cn。

为进一步验证该技术在大庆油田的适应性，针对大庆油田驱替介质复杂的特点，选取水驱、聚合物驱和三元复合驱，共计 70 口抽油机井，进行了扩大试验。

1.1 技术原理

通过系统分析抽油机井采油过程中的各种能耗，重新划分了输入功率的构成，将抽油机井输入功率划分为地面损失功率、井下黏滞损失功率、井下滑动损失功率、溶解气膨胀功率和有效功率 5 个部分，并找出了影响各部分功率的采油井动态和静态因素，摸清了有杆泵抽油系统能量消耗规律，建立了如下各部分功率的具体计算公式[2-3]。

（1）地面损失功率：

$$P_u = P_d + (F_u + F_d)snk_1 + (F_u - F_d)snk_2 \quad (1)$$

式中　P_u——地面损失功率，kW；

P_d——电机空载功率，kW；

F_u——光杆在上冲程中的平均载荷，kN；

F_d——光杆在下冲程中的平均载荷，kN；

s——冲程，m；

n——冲次，min^{-1}；

k_1——传输功率的传导系数；

k_2——光杆功率的传导系数。

（2）井下黏滞损失功率：

$$P_r = \frac{\pi^3}{2400}s^2n^2\frac{m^2-1}{(m^2+1)\ln m - (m^2-1)}\sum\mu_iL_i \quad (2)$$

式中　P_r——井下黏滞损失功率，kW；

μ_i——第 i 段液体黏度，mPa·s；

L_i——第 i 段油管长度，m；

m——管径杆径比。

（3）井下滑动损失功率：

$$P_k = 2f_kq_rLsn \quad (3)$$

式中　P_k——滑动损失功率，kW；

f_k——抽油杆与油管的摩擦系数；

q_r——单位长度杆重，N/m；

L——井斜的水平轨迹长度，m。

（4）溶解气膨胀功率：

$$P_e = \begin{cases} \dfrac{10^5\alpha Q_o p_b}{86400}\ln\dfrac{10p_b+1}{10p_w+1} & (p_s \geqslant p_b，p_w < p_b) \\ 0 & (p_s \geqslant p_b，p_w \geqslant p_b) \\ \dfrac{10^5\alpha Q_o p_s}{86400}\ln\dfrac{10p_s+1}{10p_w+1} & (p_s < p_b，p_s \geqslant p_w) \\ 0 & (p_s < p_b，p_s < p_w) \end{cases}$$

$$(4)$$

式中　P_e——溶解气膨胀功率，kW；

Q_o——产油量，t/d；

p_b——原油饱和压力，MPa；

α——溶解系数，$m^3/(m^3 \cdot MPa)$；

p_s——沉没压力，MPa；

p_w——井口油压，MPa。

（5）有效功率：

$$P_{ef} = \frac{1}{84600}Q_l\rho gh \quad (5)$$

式中　P_{ef}——有效功率，kW；

Q_l——产液量，t/d；

ρ——混合液密度，kg/m³；

g——重力加速度，m/s²；

h——有效扬程，m。

（6）输入功率：

$$P_i = P_u + P_r + P_k + P_{ef} - P_e \quad (6)$$

式中　P_i——电机输入功率，kW。

1.2 现场试验

通过收集测试井产液量、含水率、动液面、油压、套压、泵径、泵挂、冲程、冲次、抽油机机型等动态和静态数据，建立单井数据库。以该数据库为基础，对试验区抽油机井进行节能潜力预测与评价；随检泵作业应用低能耗机采系统优化设计技术，进行机采参数优化设计，待生产运行平稳后，开展节能效果测试评价。现场试验技术路线如图 1 所示[4]。

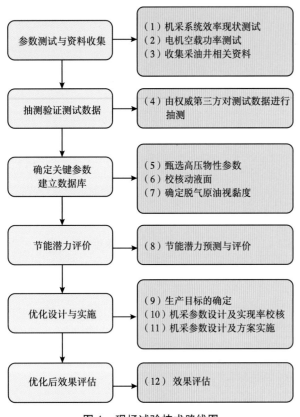

图 1　现场试验技术路线图

2 应用效果

通过对比分析实施前后产液量、能耗等关键指标变化情况，试验的 70 口井平均单井产液量与优化前相比增加了 10.9%，百米吨液耗电量、泵效、系统效率预测与实测符合率分别达 93.2%、97.8%、93.2%，平均单井输入功率由优化前的 12.45kW 降至 8.09kW，平均百米吨液耗电量从 1.09kW·h 下降至 0.63kW·h，平均节电率达到 42.3%，平均单井年节电量为 46959kW·h，平均系统效率从 24.94% 提高至 43.24%，平均系统效率提高幅度高达 73.3%。

为摸清影响抽油机井能耗的主要因素和变化规律，从检泵作业可优化调整的泵径、泵深、冲程、冲次等参数进行了细致、深入的分析。

2.1 差异分析

2.1.1 泵径差异

在泵径优化方面，低能耗机采系统优化设计与常规检泵设计相比，泵径增大明显[5]。统计扩

大试验实施的 70 口井，仅 12 口井泵径未得到调整，其余 58 口井泵径均不同程度地调大。

由图 2 可以看出，低能耗机采系统优化设计技术选取的泵径主要集中在 70~95mm 之间。

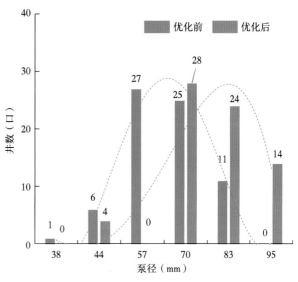

图 2　优化前后泵径变化情况图

2.1.2 泵深和杆速差异

在泵深优化方面，低能耗机采系统优化设计与常规检泵设计相比，65% 的井下泵深度均不同程度地增加，优化前后泵深变化情况如图 3 所示。

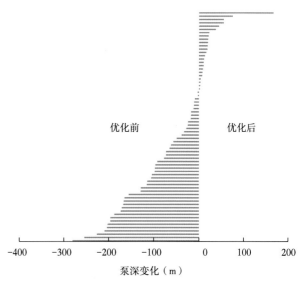

图 3　优化前后泵深变化情况图

在杆速优化方面，低能耗机采系统优化设计与常规检泵设计相比，70 口井杆速均不同程度地降低，优化前后杆速变化情况如图 4 所示。

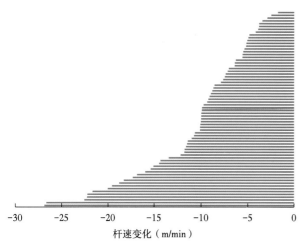

图 4　优化前后杆速变化情况图

2.2 差异规律分析

2.2.1 泵径差异规律分析

70 口试验井实施效果表明，节电率和系统效率随泵径的增加而增加。由图 5 可以看出，泵径增加级数越多，节电率和系统效率也较高。因此对产液量较高的采油井适当换大一级抽油泵可以提高系统效率。油田在用抽油泵以泵径为 44mm 和 57mm 泵为主，泵径调大潜力较大，建议在充分考虑采油井供液能力的前提下，随检泵作业换大一级抽油泵。

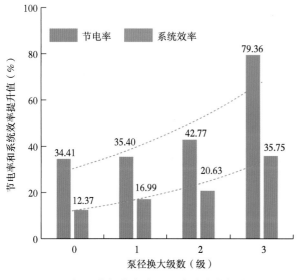

图 5　泵径调整与节电率和系统效率变化关系图

2.2.2 泵深差异规律分析

试验结果表明，节电率和系统效率随泵深的增加而降低。由图 6 可以看出，通常情况下，泵

挂加深，采油井的能耗和系统效率，与泵挂上提井相比普遍偏低，已成为制约抽油机井系统效率进一步提升的瓶颈难题，因此下一步应多在深井提高系统效率方面开展工作[6]。

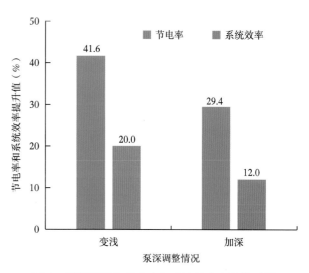

图 6　泵深调整与节电率和系统效率变化关系图

2.2.3 液面高度差异规律分析

试验结果表明，节电率和系统效率随液面的降低而增加。同时动液面过低易造成泵效低、干磨烧泵、原油脱气等危害[7-8]。因此，随着动液面不断降低，系统效率和节电率的总体变化趋势是先升后降。因此，提高机采效率工作应控制合适的沉没度，多注意高沉没度采油井，这部分井不仅可以提液增产，同时可以提高系统效率。动液面变化与节电率和系统效率变化关系如图 7 所示。

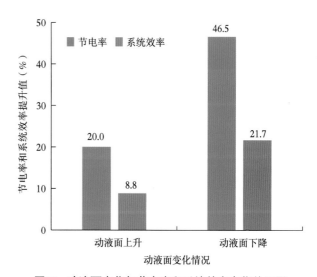

图 7　动液面变化与节电率和系统效率变化关系图

2.2.4 杆速差异规律分析

杆速为冲程与冲次的乘积[9]。由图 8 可以看出，系统效率和节电率随着杆速降低幅度的加大而增加。通常情况下，杆速越高，采油井产液量越高，杆速变化与系统效率和节电率的总体趋势是随着杆速增加，系统效率平缓上升。因此，在抽油机载荷允许范围内，尽量增大泵径，降低杆速，以达到更高的系统效率。

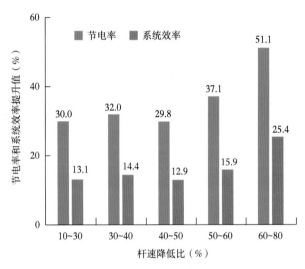

图 8　杆速调整与节电率和系统效率变化关系图

3 结　论

（1）通过对比分析扩大试验实施的 70 口井的应用效果，说明低能耗机采系统优化设计技术在大庆油田水驱、聚合物驱和三元复合驱抽油机井上具有较好的适应性，是大庆油田进一步提高抽油机井系统效率、降低举升能耗的有效手段之一。

（2）基于实际应用探讨了泵径、泵深、冲程、冲次等参数对抽油机井系统效率的影响规律。分析表明，通常动液面较高、泵深较深，系统效率较低；适当增大泵径、降低杆速、提高泵效，可以提高系统效率。

（3）下一步需要在外围抽油机井上开展现场试验，验证其在低产液井上的适应性。

参考文献

［1］郑海金，邓吉彬．能耗最低机采系统设计方法的研究及应用［J］．石油学报，2007，28（2）：129-132.

［2］朱晶光．抽油机选型及节能优化设计方法研究［G］//大庆油田有限责任公司采油工程研究院．采油工程 2013 年第 2 辑．北京：石油工业出版社，2013：42-45.

［3］樊文钢．抽油机节能电机在大庆外围油田的应用［G］//大庆油田有限责任公司采油工程研究院．采油工程 2011 年第 1 辑．北京：石油工业出版社，2011：40-41.

［4］谢少波．能耗最低机采系统设计软件应用实践及效果［J］．承德石油高等专科学校学报，2014，16（6）：34-36.

［5］侯东梅．能耗最低机采系统设计方法及应用［J］．工程技术，2016（12）：269.

［6］李阳．抽油机井系统效率宏观控制图绘制与应用［G］//大庆油田有限责任公司采油工程研究院．采油工程 2013 年第 4 辑．北京：石油工业出版社，2013：46-49.

［7］刘彦平，钟富萍，魏晓霞，等．能耗最低机采系统优化技术在青海油田的应用［J］．青海石油，2009，27（4）：79-81.

［8］周平．能耗最低机采系统设计软件在青海油田采油三厂的应用［J］．中国石油和化工标准与质量，2011（12）：252.

［9］张丽丽．优化机采系统效率的技术及其应用［J］．化学工程与装备，2020（1）：81-83.

抽油机井泵下可正洗井防喷换向阀的研制与应用

刘双新

（大庆油田有限责任公司第五采油厂）

摘　要：针对抽油机井在修井作业起、下抽油杆和油管过程中高压井液喷溢难控制及反洗井清蜡效果不理想的问题，开展了抽油机井泵下可正洗井防喷换向阀研究。将换向阀连接于柱塞泵泵下代替固定阀使用，通过下放、抬起抽油杆控制换向阀中心通道的开关及油管、油套环空的连通，实现对油管内液流的控制及抽油机井正循环洗井清蜡。截至 2021 年 2 月，抽油机井泵下可正洗井防喷换向阀已应用 18 井次，其中二次作业 8 井次，一次作业下管柱防喷成功率为 100%，二次作业起管柱防喷成功率为 100%，正循环热洗瞬时排量达 30m³ 以上，缓解了采油井修井作业的环保压力，改善了老井的热洗清蜡效果，提高了开发的经济效益。

关键词：抽油机井；防喷；正洗井；清蜡；环保

抽油机是大庆油田有杆抽油系统中最主要的举升设备[1]，其抽油杆柱主要由光杆、抽油杆和柱塞组成，生产管柱主要由油管、泵筒、筛管和导锥组成。但管柱本身不具备防喷功能，因此某些高压抽油机井在进行修井作业起、下管柱过程中常常出现高压井液喷溢难控的问题[2-3]。同时，抽油机井普遍存在不同程度的结蜡现象，热洗是较为常用的清蜡方法；但受举升管柱结构的限制，只能进行反循环洗井。由于蜡质主要出现在距井口 400~500m 内的油管内壁，当热水经油套环空到达结蜡点时，热量损失严重，洗井效果不理想[4-6]。

为同时解决上述问题，研制了抽油机井泵下可正洗井防喷换向阀。该工具结构简单，触发换向可靠，温度适应性好，维护成本低，现场取得了良好的应用效果。

1 结构及原理

抽油机井泵下可正洗井防喷换向阀主要由上接头、密封座、滑动套、挡块、阀罩、轨道管、下接头等部分组成（图 1）。具体技术参数：长度为 852mm，最大外径为 90mm，承压 25MPa。

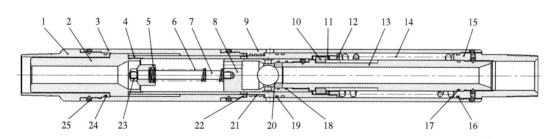

图 1　抽油机井泵下可正洗井防喷换向阀结构示意图

1—上接头；2—密封座；3—上外套；4—滑动套；5—挡块；6—限位弹簧；7—滑动杆；8—阀罩；9—下外套；10—滑动销；11—滑动环；12—锁紧环；13—轨道管；14—换向弹簧；15—下接头；16、17、18、19、21、22、24—O 型橡胶密封圈；20—球座；23—六角螺母；25—内六角锥端紧定螺钉

作者简介：刘双新，1990 年生，男，工程师，现主要从事油水井作业管理及监督方面的工作。
邮箱：lshuangxin@ petrochina. com. cn。

1.1 换向机构

抽油机井泵下可正洗井防喷换向阀换向机构主要由密封座、滑动套、滑动销、换向弹簧和轨道管等组成，如图 2 所示。

图 2　抽油机井泵下可正洗井防喷换向阀
换向机构结构示意图

1—密封座；2—滑动套；3—滑动环；4—滑动销；
5—锁紧环；6—轨道管；7—换向弹簧

滑动套上端连接密封座，下端连接锁紧环，滑动销通过螺纹固定于滑动环的两个螺纹孔中，滑动销销身嵌入轨道管的轨道槽中，轨道管设计两条长度分别为 50mm 和 10mm，宽度都为 18mm、深度都为 5mm 的长短交替的轨道槽。如图 3 和图 4 所示，轨道槽在长轨道和轨道下端均设计有导向斜槽，当滑动销滑到最下端时，在导向斜槽的作用下旋转 90°，完成换轨。

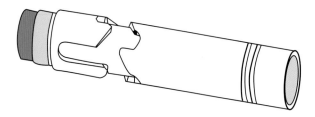

图 3　轨道管结构设计图

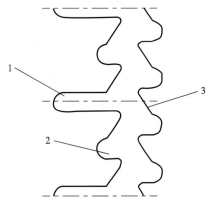

图 4　轨道槽结构示意图

1—长轨道；2—短轨道；3—导向斜槽

1.2 密封机构

密封机构主要由密封座、挡块、滑动杆和限位弹簧等部件组成，如图 5 所示。密封座与滑动套连接，挡块开有中心孔，套于滑动杆上，通过 M8 螺母与限位弹簧限位，滑动杆通过螺纹固定于阀罩上。当换向机构的两个滑动销进入短轨道内时，密封座位于位置下限，挡块贴紧密封座，阀内中心通道关闭。当换向机构的两个滑动销进入长轨道内时，密封座位于位置上限，挡块与密封座分离，中心通道打开。

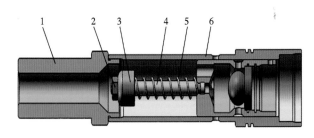

图 5　密封机构结构示意图

1—密封座；2—六角螺母；3—挡块；4—滑动杆；
5—限位弹簧；6—滑动套

1.3 泄流与正洗井通道

滑动套、阀罩和下外套均开有 4 个圆形孔，分别为滑动套泄油孔、阀罩泄油孔和下外套泄油孔，如图 6 所示。当滑动销位于长轨道时，滑动套泄油孔位于阀罩泄油孔和下外套泄油孔上方，形成上、下方向的错位，阀内中心通道与油套环空不连通。当滑动销位于短轨道时，滑动套泄油孔与阀罩泄油孔和下外套泄油孔对齐，阀内中心通道与油套环空连通，形成泄流及正洗井通道。

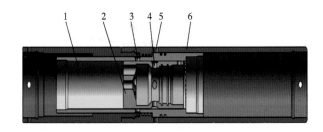

图 6　泄流与正洗井通道结构示意图

1—滑动套；2—阀罩；3—滑动套泄油孔；
4—阀罩泄油孔；5—下外套泄油孔；6—下外套

2 受力分析及强度校核

抽油机井进行修井作业时，需下放抽油杆，触发换向机构，因此换向机构承受最大力（套管液柱产生的压力及换向弹簧弹力忽略不计），公式为：

$$F = F_{杆} + F_{液} - F_{浮} \qquad (1)$$

式中　F——换向机构受力，N；

　　　$F_{杆}$——抽油杆产生的压力，N；

　　　$F_{液}$——油管内液柱产生的压力，N；

　　　$F_{浮}$——抽油杆在液柱中所受浮力，N。

以泵挂深度为 1000m、抽油杆直径为 22mm（$\rho_{杆}$ = 3.136kg/m）为例，换向机构承受最大力为 57739N。运用 SolidWorks2016 建立换向机构的实体模型，用 SolidWorks Simulation 插件对换向机构进行静应力分析[7-8]。首先赋予换向机构各零部件 42CrMo 合金钢材料（屈服强度为 620MPa），并设定各零部件接触方式；然后对轨道管底部和上外套上部施加固定约束，对密封座施加 57739N 的压力。边界条件设定与划分网格后得到图 7。运行算例后得到换向机构应力云图，如图 8 所示。

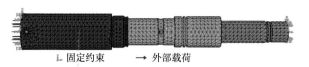

图 7　边界条件设定及网格划分图

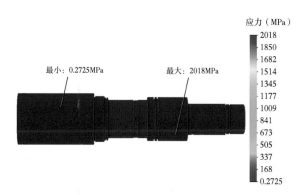

图 8　换向机构应力云图

由图 8 可知，换向机构最大应力为 2018MPa，应力集中出现在滑动环上，如图 9 所示。滑动环所用材料为 42CrMo 合金钢，其许用应力为 186MPa，滑动环产生的应力远大于其许用应力。为消除滑动环应力集中，在上外套开出深度为

3.5mm 的环形台肩（图 10），从而将滑动环所受的外界载荷转移到上外套。改进后的换向机构应力云图如图 11 所示，结果显示，换向机构最大应力为 138MPa，出现在上外套（图 12），满足强度要求。

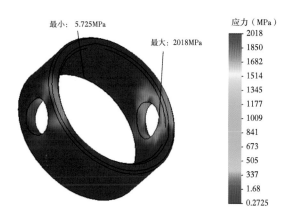

图 9　滑动环应力云图

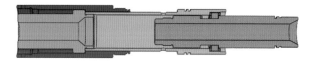

图 10　改进后的换向机构设计图

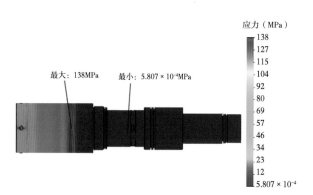

图 11　改进后的换向机构应力云图

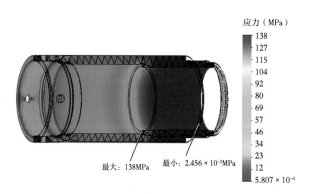

图 12　上外套应力云图剖面图

3 现场应用

截至 2021 年 2 月，抽油机井泵下可正洗井防喷换向阀已在水驱抽油机井应用 10 井次，聚合物驱抽油机井应用 8 井次，合计 18 井次。一次作业下管柱防喷成功率为 100%，二次作业 8 井次，起管柱防喷成功率为 100%。正循环热洗瞬时排量达 30m³ 以上，有效解决了抽油机井修井作业时井液喷溢难以控制及无法正洗井的问题，缓解了采油井修井作业的环保压力，改善了热洗清蜡效果，提高了油田开发的经济效益。

3.1 安装及操作方法

（1）工具连接。首先查看换向阀状态，若为生产状态，应使用配套的地面换向工具将其转为防喷状态。然后拆除抽油泵底部的固定阀，保证柱塞能从泵筒底部抽出。最后将换向阀连接在抽油泵底部，下部可连接尾管或筛管。具体预定位置如图 13 所示。

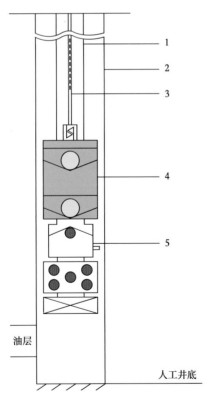

图 13　换向阀预定位置示意图

1—油管；2—套管；3—抽油杆；4—抽油泵（拆除底部固定阀）；5—抽油机井泵下可正洗井防喷换向阀

（2）下入完井管柱。按方案要求下完井管柱，下管柱时，油管无溢流，套管有溢流，工具下井过程中防喷功能正常。

（3）换向。下放抽油杆到底，静置 5～10s，上提抽油杆，中心通道打开，同时泄流通道关闭，油管出液，换向完成，换向阀进入生产状态。

（4）正洗井。需要正洗井时，再次下放抽油杆到底，静置 5～10s，上提抽油杆，中心通道关闭，正洗井通道打开，按标准进行正洗井程序。正洗井完成后，按步骤（3）操作，将换向阀转为生产状态。

（5）二次作业。抽油机井进行二次作业前，下放抽油杆到底，静置 5～10s，上提抽油杆，中心通道关闭，同时泄流通道打开，换向阀进入防喷状态，然后按方案要求进行修井作业。

3.2 应用效果

以当前在用的 1 口聚合物驱抽油机井 X13-11-CS42 为例。该井于 2020 年 9 月 18 日施工，2020 年 9 月 20 日完工。起管柱时，井口油管井液喷溢难控，按方案要求连接好换向阀后下井，套管出现大量溢流，而油管无溢流，换向阀防喷效果良好。当换向阀下放至预定位置后，下抽油杆和柱塞，当柱塞底端触碰换向阀密封座后继续下放，直至悬重迅速下降，滑动套下行至其位置下限，然后上提抽油杆 2m，柱塞底端离开换向阀密封座，换向阀动作完成，随后油管放空再次出现溢流，换向阀换向成功，井下管柱进入生产状态。换向阀更换现场如图 14 所示。

2021 年 1 月，该井进行正循环洗井，油管放空连接泵车，套管放空连接罐车，打开油管和套管放空，泵车打压，如图 15 所示。洗井罐车容量为 12.5m³，24min 打完，平均洗井排量为 31.2m³/h，仪表显示瞬时流量为 30.7m³/h。

截至 2021 年 2 月，X13-11-CS42 井正常生产，历月抽油机测试示功图如图 16 所示；日产液量约为 19t，日产液量曲线如图 17 所示。

　　a. 换向阀安装　　　　　　　b. 换向阀安装前　　　　　　　c. 换向阀安装后　　　　　　　d. 换向阀转向后

图 14　换向阀安装前后及换向后现场图

　　　　a. 泵车打压　　　　　　　　　　　　　b. 罐车容积　　　　　　　　　　　c. 仪表显示瞬时流量

图 15　X13-11-CS42 井正循环洗井现场图

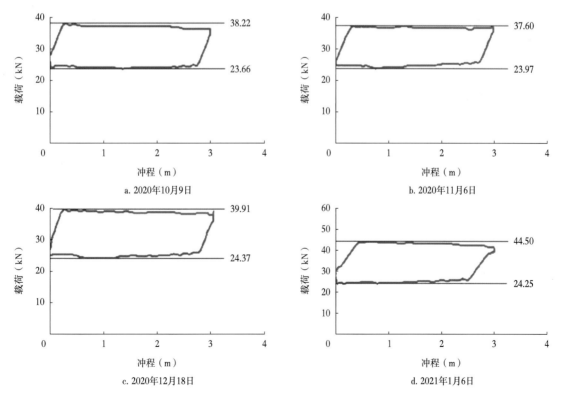

　　a. 2020 年 10 月 9 日　　　　　　　　　　　　　　　　　b. 2020 年 11 月 6 日

　　c. 2020 年 12 月 18 日　　　　　　　　　　　　　　　　　d. 2021 年 1 月 6 日

图 16　X13-11-CS42 井不同时间测试示功图

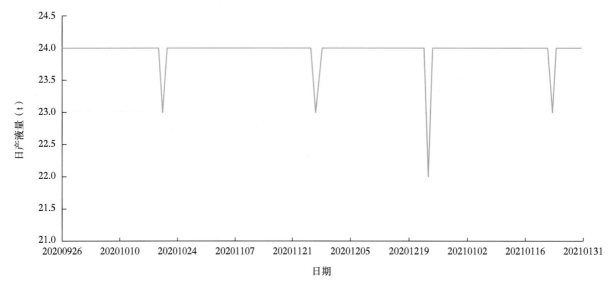

图 17　X13-11-CS42 井日产液量曲线图

4 结　论

（1）抽油机井泵下可正洗井防喷换向阀结构简单，操作方便，通过控制中心通道开关及油管、油套环空连通，实现抽油机井修井作业起、下管柱时的溢流控制和抽油机井正循环热洗清蜡。

（2）换向阀长期在井下工作，由于采油井井下环境复杂，存在油、气、水、砂、蜡等，腐蚀和阻卡问题突出，其使用寿命还有待验证，接下来将根据应用情况进一步完善该技术。

（3）在工具设计过程中采用 SolidWorks Simulation 插件进行静应力分析，可及时发现各零部件的应力集中问题，因此下一步应开展 SolidWorks 辅助设计工作。

参考文献

［1］ 孙桐建. 抽油机井地面和井下系统效率计算与潜力评价［G］//大庆油田有限责任公司采油工程研究院. 采油工程 2020 年第 1 辑. 北京：石油工业出版社，2020：46-50.

［2］ 姚丽红. φ57mm 及以下抽油机井油管双次防喷技术研究与应用［J］. 石油石化节能，2019，9（8）：11-15.

［3］ 艾洪参. 抽油机井不压井防喷管柱的研究与应用［J］. 石油机械，2018，46（12）：83-87.

［4］ 高艳华. 油井热洗参数的优化［G］//大庆油田有限责任公司采油工程研究院. 采油工程 2020 年第 3 辑. 北京：石油工业出版社，2020：72-76.

［5］ 郭莉. 抽油机井热洗质量影响因素分析［J］. 化学工程与装备，2017（4）：106-107.

［6］ 杨国军. 聚驱抽油机井蜡沉积物化验及清防蜡技术研究［J］. 石油石化节能，2020，10（1）：15-17.

［7］ 滕海滨，房金雪，陈平，等. 注入井作业拔管柱助力装置结构设计与应用［G］//大庆油田有限责任公司采油工程研究院. 采油工程 2020 年第 2 辑. 北京：石油工业出版社，2020：38-41.

［8］ 程靖，李成斌，许永权，等. 可取式高压气井回接暂堵桥塞的研制与应用［G］//大庆油田有限责任公司采油工程研究院. 采油工程 2020 年第 2 辑. 北京：石油工业出版社，2020：26-29.

致密油水平井地质优化技术探讨

吴广民，何　星，杨宝侠，孙建双

（大庆油田有限责任公司采油工程研究院）

摘　要：松辽盆地北部大庆榆树林油田树123区块为渗透率低、产能低的致密油储层非常规油气资源。为探索非常规油气规模效益开发的新途径，研究了该区块的水平井地质优化技术。在单层甜点发育区，优选部署井位，确定水平段方位，结合大规模体积压裂，提高砂体控制规模及单井产量，达到最大程度有效开发。以树29-扶平1井为例，结合地质特征，通过优化水平井部署、引入虚拟入靶点技术优化轨迹设计、采用旋转导向技术等关键技术研究，实现设计水平段长达2064.08m，水平段高差达25.5m，钻遇储层段增加385.23m，并对施工难点进行分析，配套相应技术措施，为致密油储层开发提供了技术支撑。

关键词：致密油；水平井；虚拟入靶点；地质优化；榆树林油田

随着非常规油气储量和产量的不断增加，以及工程技术的进步，全球油气工业也进入了非常规油气开发时代[1]。大庆油田致密油经过多年的勘探取得了重大突破——致密油甜点区具有巨大的勘探开发潜力，同时又有诸多难题有待研究和解决。为了进一步加快致密油开发步伐，需进行相关钻井技术研究与攻关，因此进行了致密油水平井地质优化技术探讨。

1　油藏地质特征

大庆榆树林油田树123区块构造上处于松辽盆地北部三肇凹陷的东部及绥化凹陷的西南部，西邻汪家屯构造，东部有尚家鼻状构造，西南部邻近杏山南构造带。构造总体上是一个由东北向西南倾斜的单斜，构造高差为300~500m。

扶杨油层东北部高，西南部低。树123区块构造具有继承性，因此各小层有相似的构造特征。断层主要以北偏西向为主，平均断层密度为0.8条/km，延伸长度为0.3~12km，平均延伸长度为3km，断距为4~135m。砂岩以岩屑长石砂岩为主，黏土矿物成分以伊利石和绿泥石为主，分选性为好—中，风化程度为深—中。扶余油层孔隙度为6%~15%，平均为10.79%；渗透率为0.03~1.00mD，平均为1.92mD，属低孔特低渗储层。杨大城子油层孔隙度为6%~15%，平均为10.45%；渗透率为0.03~3.00mD，平均为0.62mD，也属于低孔特低渗储层。

对榆树林油田34口井岩心进行观察，共发育裂缝44条，裂缝密度为0.02条/m。其中扶一组19口井823.6m岩心发育裂缝22条，裂缝密度为0.021条/m；扶二组—杨大城子油层30口井2819.4m岩心，共发育裂缝22条，裂缝密度为0.008条/m，在储层裂缝发育的岩性中，粉砂岩占56.25%，泥质粉砂岩占31.25%，粉砂质泥岩占6.25%。裂缝多为高倾角裂缝，倾角多为80°~90°。裂缝走向以东西向为主，少数为近南北向或北东向。其中扶一组为近南北向、近东西向和北东向；扶二组为近南北向和近东西向；扶三组为近东西向；杨一组—杨三组以北东、东西向为主。

2　水平井优化设计

2.1　设计原则

水平井优化设计以提高单井控制储量、单井

第一作者简介：吴广民，1966年生，男，高级工程师，现主要从事钻井设计及科研工作。

邮箱：wugm@ petrochina. com. cn。

初期产量和最终采出储量为总体目标。在保证有效控制砂体、减少储量损失的前提下，优选合理水平井水平段长度及井距，确定匹配的压裂规模，最终确定合理的水平井开发设计方案。

2.2 方位优化设计

水平段方向应综合考虑砂体发育方向和最大主应力方向。裂缝的横向延展对产能影响明显，高倾角裂缝会减小横向延展，导致产能减小。为达到最佳开发效果，在设计水平井延伸方向时应遵循以下原则：

一是水平井延伸方向与砂体走向平行。

二是水平井延伸方向与最大主应力方向（裂缝方向）垂直。

三是在断层夹持的区域水平井方位适当调整。

砂体走向为近南北向，人工裂缝方向为近东西向，综合分析确定树 123 等区块水平井设计方位为南北向。

2.3 水平井优化部署

2.3.1 井位部署原则

水平井布井区要求构造有利，砂体发育稳定，油水关系清楚；水平段设计长度需满足厚度下限标准，设计方位要求与区域最大主应力方向近似垂直，同时兼顾有利砂体的展布方向。

2.3.2 水平井井位部署

依据主力层砂体发育特征描述、储层沉积微相研究及储层预测成果，优选设计了水平井，动用含油面积为 $1.01km^2$，动用地质储量为 38.7×10^4t。

2.3.3 水平井产量预测

水平井产量预测公式为：

$$q_h = \frac{2\pi K_h h(p_e - p_{wf})/(\mu_o - B_o)}{\ln \frac{4r_e}{L} + \frac{h}{L}\ln \frac{h}{2\pi r_e}} \quad (1)$$

式中　q_h——水平井产量，t/d；

K_h——水平渗透率，mD；

p_e——原始地层压力，MPa；

p_{wf}——井底流动压力，MPa；

μ_o——原油黏度，mPa·s；

B_o——原油体积系数；

r_e——供油半径，m；

L——油层段长度，m；

h——油层厚度，m。

水平井油层钻遇率为 90%，通过理论公式计算，初期单井日产油量为 7.48t。

2.4 水平井轨迹优化

2.4.1 虚拟入靶点技术

水平井钻井时，为避开村庄，使靶前距增至 665.23m，因此，增加了"虚拟入靶点"控制水平井井眼轨迹。钻遇储层段增加 385.23m，能够提高储层的砂岩钻遇率，提高单井的产油（气）量[2]。由于地面障碍等原因及地下地质条件的限制，导致水平井的闭合距较大，需要采取增加"虚拟入靶点"的设计方法，如：一是在必须保证造斜点的前提下可以使井眼轨迹平滑；二是可以降低造斜点来避免大井眼造斜（据统计，大井眼造斜段的平均机械钻速只有 3m/h 左右，严重影响了钻井周期和施工效率）；三是可以提供更大的空间保证找准储层；四是能够减少造斜段的长度，同时提高机械钻速。增加虚拟入靶点示意图如图 1 所示。

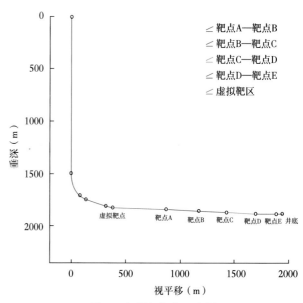

图 1　虚拟入靶点示意图

2.4.2 水平井轨迹优化

水平井的轨迹设计通常只给出入靶点和末靶点，而当该区的构造幅度变化较大时，轨迹就会穿出储层，影响储层钻遇率[3-5]。

水平井水平段轨迹示意图如图 2 所示，A、B 为入靶点和末靶点，AB 连线为水平段轨迹，绿色箭头所指部分显示轨迹出储层，水平段损失严重；而在构造变化处增加控制点，保证了轨迹最大限度地在储层甜点层位中穿行，提高储层钻遇率。

树 29-扶平 1 井轨迹优化数据详见表 1。

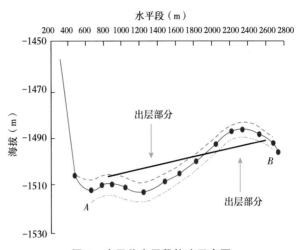

图 2　水平井水平段轨迹示意图

表 1　树 29-扶平 1 井轨迹优化数据表

描述	测深（m）	井斜角（°）	网格方位（°）	垂深（m）	北坐标（m）	东坐标（m）	闭合距（m）	闭合方位（°）	造斜率[（°）/30m]
井口	0.00	0.00	0.00	0.00	0.00	0.00	0.00	0.00	0.00
造斜点	1170.00	0.00	0.00	1170.00	0.00	0.00	0.00	0.00	0.00
靶点 A	2103.47	91.05	153.32	1677.30	-598.08	291.25	665.23	154.04	1.00
靶点 B	2212.84	91.05	153.32	1675.30	-695.78	340.35	774.56	153.93	0.00
靶点 C	2333.35	89.62	155.76	1674.60	-804.58	392.15	895.06	154.02	0.71
靶点 D	2491.44	89.37	151.98	1676.00	-946.48	461.75	1053.11	153.99	0.72
靶点 E	2686.88	89.52	155.99	1677.90	-1122.08	547.45	1248.51	153.99	0.62
靶点 F	2924.21	92.51	152.54	1673.70	-1335.78	650.45	1485.73	154.04	0.58
靶点 G	3085.85	89.76	156.42	1670.50	-1481.58	720.05	1647.29	154.08	0.88
靶点 H	3270.73	93.52	151.14	1665.20	-1647.28	801.65	1831.99	154.05	1.05
靶点 I	3490.61	90.17	156.96	1658.10	-1844.78	897.75	2051.63	154.05	0.92
靶点 J	3660.47	93.33	150.72	1652.90	-1997.08	972.55	2221.30	154.03	1.24
靶点 K	3772.92	87.79	157.11	1651.80	-2097.98	1021.95	2333.65	154.03	2.26
靶点 L	3969.61	91.11	151.46	1653.70	-2275.08	1107.25	2530.22	154.05	1.00
靶点 M	4119.97	85.92	156.17	1657.60	-2409.88	1173.55	2680.44	154.04	1.40
井底	4170.00	85.92	156.17	1661.16	-2455.53	1193.71	2730.31	154.07	0.00

3 施工难点与技术措施

3.1 施工难点

（1）区块断层发育，为断裂破碎带，油层连续性差，油水分布规律复杂，设计井区及周边已经完钻井钻遇油层厚度差别大，对钻井成功率影响很大。

（2）由于实际地质情况复杂多变，储层发育厚度及油层顶面深度与预测结果可能存在一定误差，要求在钻井工程设计时必须考虑目的层迟到或提前的可能性。

（3）嫩江组二段、青山口组发育大段泥岩，泥岩吸水易剥落，造成井壁失稳。

（4）水平井水平段长达 2065.08m，垂深为 1661.16m，水垂比为 1.24∶1，扭矩和摩阻大，井眼轨迹控制难度大。

3.2 技术措施

（1）直井段施工采用钟摆钻具组合，严格控制钻井参数，实现防斜打直。必要时使用 MWD 随钻仪器进行跟踪，在距离造斜点 100m 时进行轻压吊打，保证造斜点处井斜角不超过 0.5°。

（2）由于水平段较长，井身结构采用三层套管井身结构。表层套管应用直径 444.5mm 钻头钻至稳定泥岩井段，封固浅水层及上部不稳定地层。二开技术套管下深至嫩一段底部，封固嫩江组大段砂泥岩互层等不稳定层段。三开应用直径 215.9mm 钻头完钻[6-7]。这种井身结构可以适应钻井提速、提效、提质的需要。

（3）配合这种井身结构降低摩阻安全钻进，三开选择了 ULTRADRILL 水基钻井液体系。通过加入液体润滑剂并结合固体润滑小球，提高了钻井液的润滑性能，通过抑制剂和包被剂保证钻井液具有较强的抑制性，能有效预防青山口组及泉头组大段泥岩易发生坍塌和井壁失稳现象。水平段施工中，通过增黏剂调节钻井液黏度及流型，保证钻井液的携砂性能，能够有效预防形成岩屑床，降低复杂事故发生。

（4）造斜段和水平段使用 LWD+旋转导向随钻测井系统，根据各参数判断钻头的位置、地层性质，及时调整钻井参数和钻井方式。

4 结　论

（1）致密油水平井地质优化技术实现了最大程度的经济、有效开发。

（2）引入了虚拟入靶点技术，可增大钻遇储层段，确保井眼轨迹平滑。

（3）水平段增加控制点，有利于提高储层甜点层位钻遇率，提高单井产量。

（4）致密油水平井施工技术措施保证长水平段施工顺利。

（5）建议在致密油单层甜点发育区进一步开展 2000m 以上长水平段地质优化攻关。

参考文献

［1］徐智聃，熊友明．致密油水平井"工厂化"钻井技术［J］．工艺技术，2018（21）：165-167.

［2］段立君．L26 区块致密油藏优快钻井技术［J］．中国石油和化工，2016（4）：68-70.

［3］周文军，巨满成，王彦博，等．三维水平井 YP-3X 井钻井难点与对策［J］．石油天然气学报，2013，35（11）：89-93.

［4］潘荣山，朱健军，杨金龙，等．徐深 1-平 3 井钻井设计和钻井施工效果分析［G］∥大庆油田有限责任公司采油工程研究院．采油工程文集 2017 年第 4 辑．北京：石油工业出版社，2017：59-63.

［5］王建龙，齐昌利，柳鹤，等．沧东凹陷致密油气藏水平井钻井关键技术［J］．石油钻探技术，2019，47（5）：11-16.

［6］张凯，李继丰，潘荣山，等．徐深 7-平 1 井钻井设计优化与施工［G］∥大庆油田有限责任公司采油工程研究院．采油工程 2019 年第 3 辑．北京：石油工业出版社，2019：51-56.

［7］杨丽晶，常雷，张仲智，等．永乐油田 ZP22 区块致密油平台长水平段水平井钻井设计优化［J］．西部探矿工程，2019，31（12）：28-30.

QY-平1井套管及固井水泥优化设计与应用

潘荣山[1,2]，闫　磊[3]，杨金龙[1]，朱健军[1]，张春祥[1]

(1. 大庆油田有限责任公司采油工程研究院；2. 黑龙江省油气藏增产增注重点实验室；

3. 大庆油田有限责任公司第三采油厂)

摘　要：QY-平1井是一口需要进行大规模体积压裂改造的水平井，在以往压裂过程中，部分井套管、水泥环在施工过程中发生变形损坏，影响了压裂效果和油气产量。为了避免井下复杂事故、缩短钻井周期及满足大规模压裂要求，对钻井工程设计中钻井参数、井眼轨道、套管及水泥浆体系进行了优化设计。提出了水平井生产套管有效外载荷计算方法和管柱优化设计方案，优选了生产套管钢级和壁厚，套管、水泥环强度满足大规模压裂施工要求。在钻井施工过程中钻速得到了提升，全井平均机械钻速为18.87m/h，钻井周期为35.63天，固井质量合格率为100%，优质井段比例达70%以上。通过钻井设计优化，提升了施工效率，降低了复杂事故的发生，优质高效地完成了QY-平1井的钻完井施工。该井的钻井设计优化与应用可为国内类似开发井设计提供借鉴。

关键词：压裂施工；水平井；钻井参数；优化设计；钻井施工

石油工业的快速发展促进了水平井钻完井技术进步和储层改造技术创新。为了满足生产需要，进一步增加产能，水平井水平段设计长度在不断提升，同时压裂规模也不断增大，这就要求钻井施工进度、水泥浆性能、固井质量和井筒完整性需要进一步优化[1-3]。为了降低大规模压裂对套管—水泥环结构完整性的影响，提高油基钻井液对页岩层的井壁稳定性，同时优化水泥石力学性能，以满足大规模压裂下井筒完整性的要求[4-5]，开展了钻井设计优化与现场施工分析，通过进一步优化钻井参数，优选油基钻井液体系配方、套管类型、韧性水泥浆体系[6-8]，形成了一套适用于大规模压裂的长水平段井钻井设计。

1 QY-平1井基本情况

QY-平1井位于松辽盆地中央坳陷区，该井完钻井深为4810m，最大井斜角为90.13°。岩心分析资料表明，储层总孔隙度为0.3%～14.2%，平均孔隙度为9.6%，有效孔隙度为0.7%～10.7%，平均有效孔隙度为5.7%。地层水氯离子含量平均为3642.1mg/L，总矿化度平均为15524.0mg/L，地层水主要为$NaHCO_3$型，pH值平均为7.9。结合试验区周边探评井储层试油资料，共录取了10口井12个层段的地温资料，深度为2079.7～2403.6m，温度为91.1～110.5℃，温度梯度为4.28～5℃/100m，平均温度梯度为4.7℃/100m，地温梯度较高。

2 钻井施工难点

综合分析QY-平1井地质特点和已完钻邻井资料，该井钻井施工过程中存在以下难点：

（1）浅部地层成岩性差，胶结疏松，Q组层状、纹层状页岩发育且多孔多缝，钻井时层间易散裂，易发生剥落、井塌和卡钻等井下复杂情况。

（2）设计井与1口井同平台施工，与2口井距离较近，钻井施工中受场地所限，需要优化井

第一作者简介：潘荣山，1970年生，男，高级工程师，现主要从事钻井设计的审核及科研工作。

邮箱：panrsh@ petrochina. com. cn。

眼轨道设计，实钻过程中注意防碰。

（3）大规模压裂，易发生套管损坏，保障井筒完整性难度大。

（4）长水平段固井质量难以保证。

3 钻井设计优化

针对钻井施工难点，为了保障钻井施工安全，钻井设计中对钻井参数、井眼轨道、套管、水泥浆等进行了优化。

3.1 钻井参数优化

为了满足钻井提速要求，针对 QY-平 1 井地质特点，对排量、钻压、转速等钻井参数进行了优化设计（表 1），配合采用直径 139.7mm 钻杆更有利于携岩，优化后的钻井参数可有效降低钻柱振动，使岩屑床厚度降低 53%，能够有效地净化井眼。

表 1　钻井参数优化表

参数	优化前指标	优化后指标	说　　明
钻压（t）	8~14	6~10	通过软件分析，钻压过高易引起钻具曲屈，增大钻具对井壁的碰撞力，不利于井壁稳定
排量（L/s）	28~32	34~38	根据现场返出片状页岩情况，反算最低临界携岩排量为 34L/s；若高于 38L/s，井壁冲刷严重
转速（r/min）	45~80	100~120	转速小于 80r/min 时，不利于岩屑床的清除；转速大于 120r/min 时，钻具对井壁碰撞增强，不利于井壁稳定
泵压（MPa）	18~22	25~35	在高密度钻井液条件下，为满足临界携岩需求，泵压应大于 25MPa
扭矩（kN·m）	15~20	25~35	页岩油水平井较常规水平井扭矩高 60% 以上

3.2 井眼轨道优化

优化前钻井设计造斜点为 330m，完钻井深为 1256m，靶前距为 250m，最大造斜率为 8°/30m、水平段长度为 540m。由于靶前距较短、造斜率过高，在钻井过程中易卡钻；下套管过程摩阻大，套管可能下不到井底；如果螺杆钻具造斜率跟不上设计造斜率，可能导致钻穿油层。

因此，调整井口坐标向西移 40m，造斜点为 281m，完钻井深为 1286m，靶前距为 290m，最大造斜率为 6.5°/30m，水平段长度为 549m，降低了井下摩阻和扭矩，提高了机械钻速，优化后井眼轨道剖面如图 1 所示。模拟计算下套管过程的地面钩载，判断套管下入的可行性。水平段长度在 550m 时计算地面钩载为 375kN，大于管柱发生螺旋屈曲的极限悬重（285kN），套管下入不发生正弦屈曲和螺旋屈曲，如图 2 所示。因此，通过软件模拟结果判断套管可以安全下入。

3.3 套管优化设计

对于套管强度的计算，以往主要采用单轴套管的强度计算方法，即 API 计算方法，是单一受力情况的计算公式。为了提高固井质量、施工安全，满足大规模压裂要求，参考 SY/T 5724—2008《套管柱结构与强度设计》，考虑 QY-平 1 井生产套管受内外压力、热应力等的影响，对生产套管进行三轴强度校核。在受内压、不均匀地应力及轴向力联合作用下，套管柱强度破坏准则依然服从 Von Mises 屈服准则，然后计算套管三轴抗拉强度。

3.3.1 套管三轴抗拉强度

$$T_a = 10^{-3}\pi(p_i r_i^2 - p_o r_o^2) + \left[T_o^2 + 3\times10^{-6}\pi^2(p_i - p_o)^2 r_o^4\right]^{\frac{1}{2}} \quad (1)$$

式中　T_a——套管的三轴抗拉强度，MPa；

　　　p_i——套管内压力，MPa；

　　　r_i——套管的内半径，mm；

　　　p_o——套管外压力，MPa；

　　　r_o——套管的外半径，mm；

　　　T_o——套管的螺纹连接强度，MPa。

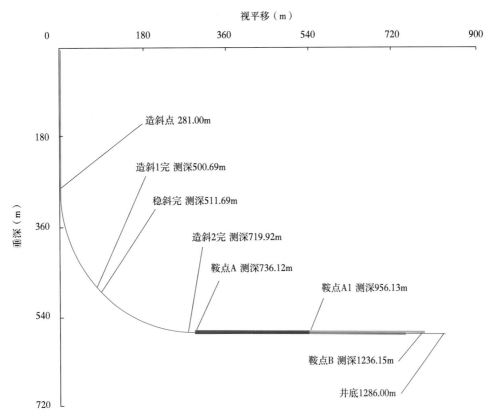

图 1　优化后井眼轨道剖面示意图

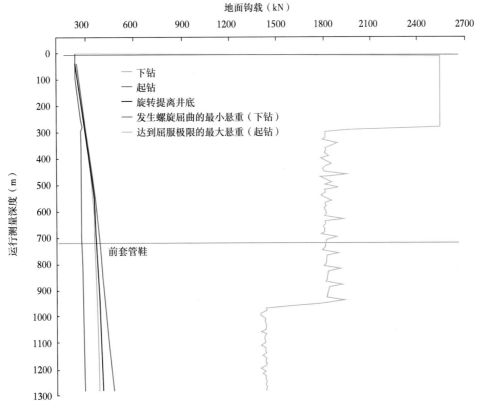

图 2　水平段长度 550m 套管下入分析图

套管在轴向力、外挤力和内部压力共同作用下套管三轴抗外挤强度的公式为：

$$p_{ca} = p_{co}\left[\sqrt{1 - 0.75\left(\frac{\sigma_a + p_i}{Y_{pa}}\right)^2} - 0.5\left(\frac{\sigma_a + p_i}{Y_{pa}}\right)\right] \tag{2}$$

其中：

$$Y_{pa} = \left[\sqrt{1 - 0.75(\sigma_a/Y_p)^2} - 0.5(\sigma_a/Y_p)\right]Y_p \tag{3}$$

式中　p_{ca}——套管的三轴抗外挤强度，MPa；

　　　p_{co}——套管的 API 抗挤强度，MPa；

　　　σ_a——套管生产时考虑温度、压力变化的总轴向力，kN；

　　　Y_{pa}——考虑轴向力影响的套管屈服强度，MPa；

　　　Y_p——套管屈服强度，MPa。

套管在轴向力、热应力、内外压力作用下的三轴抗内压强度公式为：

$$p_{ba} = p_{bo}\left[\frac{r_i^2}{\sqrt{3r_o^4 + r_i^4}}\left(\frac{\sigma_a + p_o}{Y_p}\right) + \sqrt{1 - \frac{3r_o^4}{3r_o^4 + r_i^4}\left(\frac{\sigma_a + p_o}{Y_p}\right)^2}\right] \tag{4}$$

其中：

$$p_{bo} = 0.875\frac{2Y_p\delta}{d_c} \tag{5}$$

式中　p_{ba}——套管的三轴抗内压强度，MPa；

　　　p_{bo}——管体损坏时的抗内压强度，MPa；

　　　δ——套管壁厚，mm；

　　　d_c——套管外径，mm。

3.3.2 生产套管设计

依据上述套管三轴抗拉强度计算方法，同时满足大规模压裂施工压力要求，生产套管选用钢级 P110、壁厚 10.54mm 套管，应用软件进行套管强度校核，生产套管规范和强度校核数据如表 2 所示，生产套管强度校核情况如图 3 所示。

表 2　生产套管强度校核数据表

井段 (m)	外径尺寸 (mm)	钢级	壁厚 (mm)	抗外挤强度			抗内压强度			抗拉强度		
				理论强度 (MPa)	最大载荷 (MPa)	安全系数	理论强度 (MPa)	最大载荷 (MPa)	安全系数	理论强度 (kN)	最大载荷 (kN)	安全系数
0~4810	139.7	P110	10.54	100.20	40.29	2.48	100.10	33.35	3.23	3243.80	1002.82	3.23

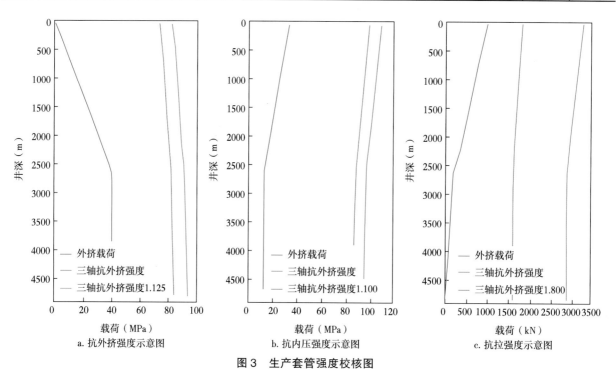

a. 抗外挤强度示意图　　　b. 抗内压强度示意图　　　c. 抗拉强度示意图

图 3　生产套管强度校核图

3.4 水泥浆优化设计

QY-平 1 井开采使用大规模压裂技术，在其施工过程中高泵压、大排量地注入压裂液，在井筒内会产生剧烈的压力变化和冲击力，对固井水泥环造成严重影响，容易使水泥环—套管—地层之间产生微裂纹，严重的还会造成固井水泥环破坏，从而发生环空窜气，影响生产井的使用寿命，制约后期开采效果。在保证力学性能成功改性的前提下，优化韧性水泥浆体系常规性能，保证固井施工安全至关重要。

3.4.1 韧性水泥浆体系设计

为了满足大规模压裂对水泥环力学性能的要求，保证长水平段固井质量，避免施工过程中发生套管损坏，保障井筒完整性，设计采用了韧性水泥浆体系。

在大规模压裂条件下，水泥环能否保持其强度，对安全生产具有重要意义。为了分析水泥环韧性变化，通过三轴试验机进行加载实验，模拟井下工况，对水泥石力学性能进行分析。

从图 4 和图 5 对比可以看出，在相同围压和强度下，韧性水泥的应变值是原浆水泥的 1.5 倍，韧性水泥有明显的塑性变形阶段，而原浆水泥则几乎没有塑性变形阶段，由此可以看出塑性水泥具备一定的塑性，原浆水泥则表现为脆性。

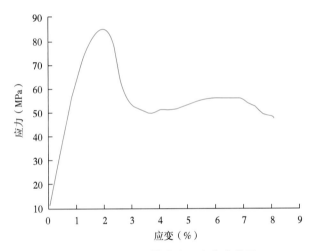

图 4　原浆水泥三轴应力—应变曲线图

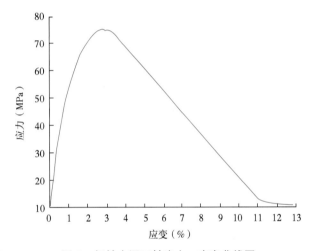

图 5　韧性水泥三轴应力—应变曲线图

3.4.2 水泥浆性能参数优化

大规模压裂施工对水泥石力学性能要求高，韧性水泥石力学性能参数，需要按照井的实际工况，计算分析匹配的水泥石力学性能指标，主要为水泥石抗压强度、抗拉强度、杨氏模量等参数。

所以，生产套管固井上部使用高强低密度水泥加抗高温水泥外加剂，水泥浆密度控制在 1.68~1.72g/cm³ 之间，平均密度宜控制在 1.70g/cm³；下部固井使用 G 级水泥加石英砂、增韧剂、膨胀剂、高温缓凝剂及抗高温水泥外加剂，水泥浆密度控制在 1.88~1.92g/cm³，平均密度宜控制在 1.90g/cm³。通过对韧性水泥浆体系常规性能、水泥石力学性能的评价，其综合性能满足固井施工技术要求。韧性水泥石力学性能数据对比如表 3 所示。

表 3　韧性水泥石力学性能数据对比表

韧性水泥	密度 （g/cm³）	48h 抗压强度 （MPa）	7d 抗压强度 （MPa）	7d 抗拉强度 （MPa）	7d 杨氏模量 （GPa）	7d 气体渗透率 （mD）	7d 线性膨胀率 （%）
设计要求	1.90	≥16.0	≥28.0	≥2.3	≤6.0	≤0.05	0~0.2
实际性能	1.90	≥22.0	≥30.0	≥2.5	≤5.0	≤0.03	0~0.2

4 现场施工

QY-平 1 井，完钻井深为 4810m，水平段长度为 2050m，钻井周期为 35.63 天，全井平均机械钻速为 18.87m/h，相比同类型邻井钻井周期缩短了 30.2%，机械钻速提高了 9.2%。

针对长水平段页岩井壁失稳难题，优化油包水钻井液体系配方，具备强封堵效果，改善了体系配方中固相颗粒分散度，降低了体系黏度和剪切力，提升了井壁稳定性，保证了井眼光滑和施工安全。优选的韧性水泥浆体系保障了安全固井施工，固井质量合格率为 100%，优质井段比例达 70% 以上。生产套管选用的钢级 P110、壁厚为 10.54mm 的套管，能满足大规模压裂需求，施工过程中未发生安全、质量、环保事故。

5 结 论

（1）通过对钻井参数、钻井液、套管、水泥浆性能的优化设计，提升了施工效率，降低了施工过程中复杂事故的发生，优质高效地完成了 QY-平 1 井的钻完井施工。

（2）钻井液参数的调整、韧性水泥浆的设计、套管类型的选择对后续同类型井钻井设计具有参考意义。

（3）通过对 QY-平 1 井钻井时效分析，找出了制约长水平段水平井施工提速增效的主要问题，在事故复杂频次和下井仪器质量保障两个方面，是需要改进的方向。

（4）下一步要重点加强现场技术措施管控，对重点井段、复杂地层、特殊工况提前进行技术交底，做好风险提示，要求操作人员平稳、精细操作，防止复杂事故发生。

参考文献

[1] 席岩，李军，柳贡慧，等．页岩气水平井压裂过程中水泥环完整性分析 [J]．石油科学通报，2019，4（1）：57-68．

[2] 范明涛，李军，柳贡慧，等．页岩气水平井体积压裂过程中套损机理研究 [J]．石油机械，2018，46（4）：82-87．

[3] 王建华，闫丽丽，谢盛，等．塔里木油田库车山前高压盐水层油基钻井液技术 [J]．石油钻探技术，2020，48（2）：29-33．

[4] 李梦洋，赵常青，鲜明，等．长水平段页岩气井固井质量技术研究 [C]∥中国石油学会 2016 年固井技术研讨会论文集．合肥：中国石油学会，2019：702-711．

[5] 李欢欢，王玉玺，李瑞莹．古城 7 井工程钻井设计优化与钻井实践 [C]∥2013 年度钻井技术研讨会暨第十三届石油钻井院（所）长会议论文集．乌鲁木齐：中国石油学会，2013：74-81．

[6] 杨琳，张斌，肖林．莫 116 井区水平井钻井设计优化与应用 [J]．探矿工程，2018，45（2）：7-11．

[7] 常雷．长垣、齐家地区致密油水平井钻井提速配套技术 [J]．石油地质与工程，2017，31（6）：98-104．

[8] 王建华，杨海军，可点，等．油基钻井液技术研究及其规模化应用 [C]∥2016 年度全国钻井液完井液技术交流研讨会论文集．合肥：中国石油学会，2019：705-711．

柔性钻具侧钻取心技术在 A 开发区的应用实践

王怀远，杨延滨

(大庆油田有限责任公司第四采油厂)

摘　要：为了研究三元复合驱开发过程中注采端的堵塞程度及堵塞半径，提高注入井的注入量及采出井产量，开展了柔性钻具侧钻取心技术试验。该技术主要在套管内壁开窗，利用专用柔性钻具进行钻进，并在 1.8～3.0m 的范围内将侧钻孔眼由垂直转向水平，再利用水平钻具及专用取心工具进行钻进和取心，从而获得水平孔眼及地层的岩心。通过一注一采两口井的现场试验，成功获取了油层部位的 135 块岩心，为研究三元复合驱注采端在地层中的堵塞规律提供了资料。

关键词：三元复合驱；堵塞；柔性钻具；侧钻；取心

三元复合驱开发过程中出现套管内结垢、地层堵塞等问题[1-2]，可通过打印、多臂井径测井等技术了解套管内结垢程度[3-4]。通过分析井内起出管柱上的垢或机械除垢技术收取的垢样，可了解其成分构成，但地层堵塞的程度、堵塞半径等情况一直无法获取。为了研究三元复合驱开发过程中注采端的堵塞程度及堵塞半径，2020 年在大庆油田 A 开发区的三元复合驱区块开展了一注一采两口井的水平侧钻取心现场试验。通过开窗侧钻对地层取心，对岩心进行微观结构、矿物组分构成等参数进行分析，进而判断三元复合驱注采端在地层中的堵塞规律。侧钻的水平孔眼同时也提高了注入端的注入量，增加了采出端的泄油半径，提高了采出井产量[5]。

1 技术原理及参数

柔性钻具[6-7]侧钻取心技术主要由造斜器定深度、定方位丢手、套管开窗、造斜、测斜、水平钻进、水平取心及造斜器打捞工艺组成。

1.1 技术原理

柔性钻具侧钻取心分为套管开窗（图1）、造斜钻进、水平钻进 3 个过程。

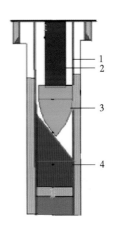

图 1　套管开窗示意图
1—套管；2—钻杆；3—开窗铣锥；4—造斜器

首先在取心层位以上 1.8～3.0m 下入造斜器，通过伽马测井调整管柱至设计深度，通过陀螺仪测造斜器的方位，并旋转管柱调整造斜器至设计方位，打压坐封造斜器，丢手后起出送入管柱，下入开窗铣锥（图2）至造斜器，对套管进行开窗

图 2　开窗铣锥实物图

第一作者简介：王怀远，1986 年生，男，工程师，现主要从事采油工程油水井大修管理工作。

邮箱：wanghuaiyuan@petrochina.com.cn。

及修窗。然后下入弯角钻头、导向钻杆组成的造斜钻具正循环造斜钻进（图 3 至图 5）。

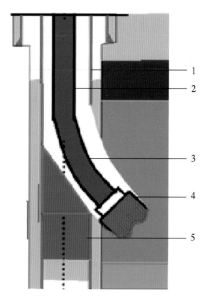

图 3　造斜钻进示意图

1—套管；2—钻杆；3—导向钻杆；4—弯角钻头；5—造斜器

图 4　导向钻杆实物图

图 5　弯角钻头实物图

最后，在造斜钻进过程中，逐渐调整钻进方向至水平并进入油层，在油层内利用 PDC 钻头及十字万向节结构柔性钻杆组成的水平钻进工具进行水平钻进（图 6、图 7）。

柔性钻具侧钻取心技术可以根据设计要求在某段长度上利用由取心钻头、柔性密闭取心筒组成密闭取心工具进行取心；造斜钻进及水平钻进期间可采用多点测斜仪对钻进孔眼进行测斜，以便及时调整钻进角度；取心及水平钻进完成后，

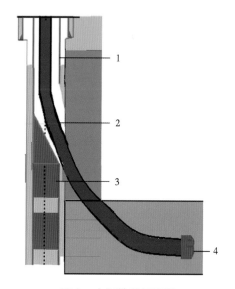

图 6　水平钻进示意图

1—套管；2—柔性钻杆；3—造斜器；
4—PDC 钻头或取心筒+取心钻头

a. 柔性钻杆

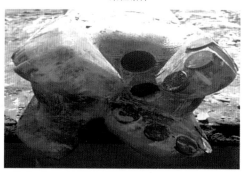

b. PDC 钻头

c. 取心钻头

图 7　柔性钻杆、PDC 钻头、取心钻头实物图

采用专用打捞工具捞出可捞式造斜器，不影响原井下部油层采取措施。

1.2 技术参数

（1）造斜器：外径为 114mm，坐封压力为 22～25MPa。

（2）造斜钻具：钻头外径为 118mm，钻具外径为 110mm。

（3）水平钻具：钻头外径为 114mm，柔性钻杆外径为 102mm。

2 适用范围及选井条件

柔性钻具取心技术对厚油层顶部剩余油藏、被断层圈闭的局部剩余油藏，以及对砂体规模小、稠油油藏、开发效益差、综合调整难度大的储层等有较好的开发效果，同时该技术能使老油田的停产井、污染井、事故井等重获新生。

选井条件：

（1）套管通径大于 120mm（外径 139.7mm 套管井）。

（2）井深在 3000m 以内。

（3）油层厚度大于 3m。

（4）井斜不大于 20°。

（5）地层倾角不大于 10°。

（6）油水分布、断层情况清楚。

（7）剩余油饱和度应大于 30%。

3 主要技术指标

（1）井眼尺寸不小于 114mm。

（2）水平段长度为 20～50m。

（3）曲率半径为 2.0～3.5m。

（4）一次取心长度最长达 1.5m。

（5）取心最大直径为 38mm。

4 现场试验

2020 年 8—9 月在 A1 井及 A2 井开展了现场试验。下入造斜器，经测伽马曲线与原井伽马曲线深度对比校深，调整管柱造斜器斜面顶端深度在目的层以上 1.6m 进行定深度；下入陀螺仪测方位，转动管柱调整造斜器工具面方位至误差范围内，投入直径 18mm 钢球，打压 25MPa 坐封造斜器，正转 30 圈丢手；下入直径 119mm 开窗铣锥进行开窗、修窗后，下入多点测斜仪测斜（图 8），然后按照设计及现场施工情况，取心及水平钻进交替施工，完成钻进后打捞造斜器。

本次取心的目的是近井地带，但受工艺的限制，最近只能取到水平位移 4～5m 后的岩心。因此建议选取厚油层，造斜器下在油层内，在开窗后先在斜直方向钻进取心，然后调整深度重新开窗再进行造斜钻进、水平钻进及取心，以达到取得近井地带岩心堵塞情况的目的。

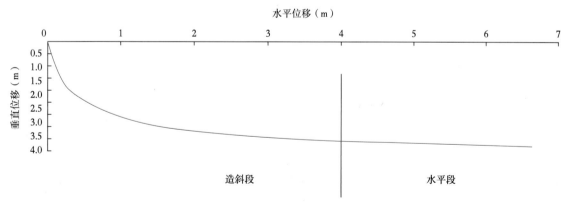

图 8　A1 井测斜曲线图

A1 井自开窗点造斜进尺为 4.4m，总进尺为 25.7m，总水平位移为 23.16m，总垂深为 6.35m，取心 3 次（图 9）。由于第 1 次取心筒锁紧爪损坏，

取心数量较少，第 2 次及第 3 次取心长度分别为 0.9m 及 1.3m，总取心数量为 60 块。打捞造斜器时，由于扩铣造斜器丢手孔的长杆铣锥杆断在造

斜器丢手孔内，且有些弯曲，经多次活动打捞，造斜器卡瓦松动，且随着钻具的加深向下活动，最终将造斜器推至射孔井段以下 45.3m。为避免打捞造斜器上提过程中弯曲的长杆铣锥杆插入套管

开窗窗口而发生拔不动等不可预见的事故、降低施工难度，且目前射孔井段底界已经露出 45.3m 的口袋，为不影响后续压裂等措施的实施，因此不再打捞造斜器。

a. 第1次

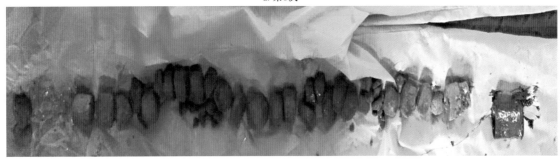

b. 第2次

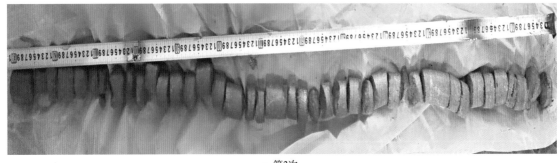

c. 第3次

图 9　A1 井 3 次取得的岩心实物图

A2 井由于造斜时初期钻压较低，导致造斜角度小，造斜钻具 4.4m 的有效长度都钻进至地层后，经测斜井斜角只有 73.33°。鉴于该技术没有纠偏的功能，且根据计算在该位置最多能够钻进 7~8m 的情况，所以决定直接连续取心 4 次（图 10—图 13）。至第 4 次岩心取出时，根据取心时的钻压及取出的岩心变化，发现可能已经钻至油层底部，经测斜验证，井斜角进一步下降至 67°，已达到油层底部，结束钻进，本次取心总数为 75 块。对比 2 口不同井柔性钻具侧钻取心情况如表 1 所示。

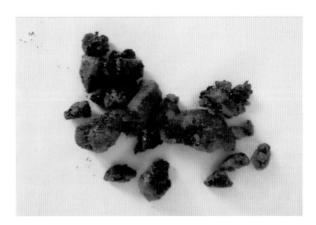

图 10　A2 井第 1 次取得的岩心实物图

图 11　A2 井第 2 次取得的岩心实物图

图 12　A2 井第 3 次取得的岩心实物图

图 13　A2 井第 4 次取得的岩心实物图

表 1　柔性钻具侧钻取心试验井情况表

井号	A1	A2
井别	注入井	采出井
套管开窗窗口长度(m)	1.6	1.6
曲率半径（m）	3.0	未钻至水平
总进尺（m）	25.7	11.2
水平段长度（m）	21.3	5.8

续表

井号	A1	A2
井别	注入井	采出井
裸眼段直径（mm）	114	114
取心次数	3	4
取心总长度（m）	2.4	2.7
岩心最大外径（mm）	37	37
岩心最大长度（mm）	80	100
取心段测深（m）	1137.6~1139.1； 1139.1~1140.6； 1144.6~1146.1	1151.5~1152.5； 1152.5~1153.9； 1153.9~1155.3； 1155.3~1156.7
造斜器	未捞出，已推至射孔井段底界以下 45.3m	捞出

A1 井于 2020 年 9 月 9 日恢复注水，试验前注入压力为 14.2MPa，日配注量为 30m³，日注水量为 10m³。试验后注入压力为 13.8~14.0MPa，日配注量为 30m³，日注水量为 30m³，配注母液量为 5m³，日注入量明显提高。

A2 井于 2020 年 10 月 10 日恢复生产，试验前日产液量为 6.98t，日产油量为 0.43t，含水率为 93.8%。试验后初期日产液量为 19.25t，日产油量为 1.31t，含水率为 93.2%。日产液量及日产油量明显提高。

5 结　论

（1）柔性钻具侧钻取心技术成功获取了一注一采两口三元复合驱井的岩心，为研究三元复合驱注采端在地层中的堵塞规律提供了研究资料。

（2）柔性钻具侧钻取心技术在造斜阶段对操作人员要求较高，造斜角控制难度较大，造斜钻具仅有一种长度规格，且水平钻具没有调整井斜角度的纠偏功能，会导致侧钻井眼没有达到水平。对此，下一步将开展造斜纠偏钻具研制，为施工增加保障。

（3）从目前试验情况分析，三元复合驱采出井和注入井的砂岩比较疏松，用取心筒取心后通过造斜段时易碎且易脱落，无法保证取心的收获率。建议进一步改进取心筒结构，提高取心的收获率。

参考文献

[1] 李红军. 纯梁油田油水井结垢机理及防治技术研究 [D]. 东营：中国石油大学（华东），2007.

[2] 孟刚. D 油田注入水腐蚀结垢机理及防腐措施研究 [D]. 东营：中国石油大学（华东），2011.

[3] 刘如斯，盖洁超. 浅谈油气开采过程中的除垢方法 [J]. 石油化工应用，2018，37（9）：1-3.

[4] 张朋举，李天君，胡大玮，等. 吐哈油田旧油管除垢方法研究及应用 [J]. 焊管，2019，42（1）：32-36.

[5] 张绍林，孙强，李涛，等. 基于柔性钻具低成本超短半径老井侧钻技术 [J]. 石油机械，2017，45（12）：18-22.

[6] 赵夏. 超短半径水平井柔性钻具力学分析与安全评价 [D]. 大庆：东北石油大学，2013.

[7] 杨洪波，董洪铎，蔺健. 超短半径水平井柔性钻具力学分析与安全评价 [J]. 化学工程与装备，2020（9）：62-63，117.

气井智能泡排控制系统研究与应用

王芝蕊[1,2]

(1. 大庆油田有限责任公司采油工程研究院；2. 黑龙江省油气藏增产增注重点实验室)

摘　要：为了满足大庆油田气井排液的生产需求，提高气井排液效率及产气量，降低人工劳动强度，研发了气井智能泡排控制系统。根据自动控制学的基本理论及控制系统设计的基本原理，结合气井现场实际情况，建立由数据采集、分析决策控制、注剂调节三部分组成的控制系统。其中数据采集由数据采集模块实时采集气井动态生产数据；分析决策控制由控制器实时接收分析数据，并智能发送注剂控制指令；注剂调节由加注装置接收控制器指令，并调节加注泡排剂。应用该系统开展了先导性现场试验，结果表明，试验后气井平均油套压差由11.81MPa降低到3.04MPa，日均增气量为 $2.66 \times 10^4 m^3$，日均增加产水量为 $4.28 m^3$。该系统可实现气井数据实时监测及智能注剂，为减缓气井产量递减速度、提高气藏采收率提供了技术支撑，对气田数字化建设具有重要意义。

关键词：气井；泡排剂；智能加注；控制系统；控制器

控制已开发区块的产量递减是气田稳产的重要保证。大庆徐深气田投产气井 297 口，其中积液气井 93 口，占投产气井总数的 31.3%。积液导致气井产量最高下降 85%，造成气井低产、低效，"治水"成为控制产量递减、延长气田稳产的关键技术。目前，国内其他气田在生产过程中采用气井泡沫排水采气工艺进行排液，如靖边气田应用自动化泡沫排水采气工艺[1]，苏里格气田应用数字化投棒排水采气技术[2]。

上述采气排采技术原理是控制系统根据预定设计的加注制度进行自动加注药剂。药剂加注制度无法自动改变，当气井积液增加时，则药剂加注量不足；而当气井积液减少时，则药剂加注量过量。这些均导致泡排剂与气井积液反应不充分，影响气井排水采气效果。所以设计了气井智能泡排控制系统，以实现气井智能加注与调节泡排剂加注量的功能，提高气井积液分析处理时效性及气井排液效率，提高气井产量，延长气井开采寿命。

1 气井智能泡排控制系统

1.1 原　理

气井智能泡排控制系统构成如图 1 所示，主要由现场仪表、控制器、注剂装置、液晶控制屏等组成[3]。在生产运行中，现场仪表采集气井生产数据，控制系统分析数据并控制调节注剂装置来实现气井泡排剂的智能加注，液晶控制屏对气井及注剂装置生产数据进行实时显示，并可根据气井生产需求设置注剂装置的手动或自动调节模式。

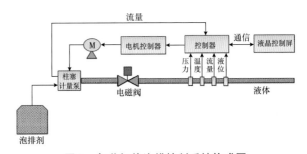

图 1　气井智能泡排控制系统构成图

作者简介：王芝蕊，1990 年生，女，工程师，现主要从事气井排水采气工艺技术研究工作。

邮箱：wangzhirui@ petrochina. com. cn。

气井智能泡排控制系统由流量监测（注剂流量计）、控制器、流量调节装置（电动执行机构及调节阀）组成，其原理如图 2 所示。

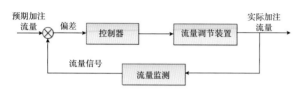

图 2 气井智能泡排控制系统原理图

该系统由一个流量信号反馈回路构成，其中的控制器根据流量监测实际流量与预期流量之间的偏差来进行流量调节。当两者之间存在偏差时，控制器发送信号给流量调节装置，使实际流量不断趋近预期流量。

1.2 结 构

气井智能泡排控制系统结构如图 3 所示，主要由数据采集、分析决策控制、注剂调节三部分组成。

数据采集由现场仪表与数据采集模块构成，数据采集模块将现场仪表（油套压力变送器、油套温度传感器、井筒气液两相流量计、液面监测仪、注剂流量计）采集的压力、温度、产气量、产水量、井筒液面深度、注剂量等气井生产数据转换为数字信号传输给控制器；分析决策控制由控制器实时接收分析气井动态生产数据，判断气井积液状态并智能决策向注剂装置发送控制指令；注剂调节由注剂装置（电磁阀、柱塞计量泵）接收控制器指令，控制电磁阀开关及驱动电机启停、调节驱动电机转速，实现泡排剂的智能加注调节。气井智能泡排控制系统实物如图 4 所示。

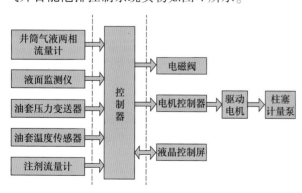

图 3 气井智能泡排控制系统结构图

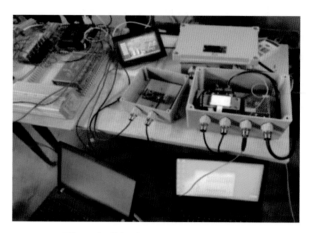

图 4 气井智能泡排控制系统实物图

1.3 气井智能泡排控制器

气井智能泡排控制器主要由电源模块、串口通信模块和控制模块 3 个核心模块构成。电源模块将 24V 电压转换为 5V 电压，为控制器各模块供电；串口通信模块通过 RS485 接口实现控制器与数据采集模块、注剂装置之间的信号传输通信；控制模块通过 PIC 芯片编译智能注剂方法来实现智能加注泡排剂。气井智能泡排控制器逻辑图如图 5 所示。

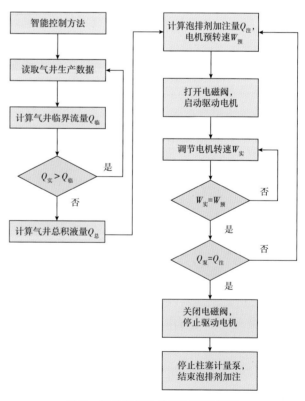

图 5 气井智能泡排控制器逻辑图

根据气井积液泡排剂加注操作的实际需求，利用组态软件建立显示气井生产数据参数、判断气井积液情况、调节加注制度、控制设备情况及控制模式选择的主要功能软件操作界面。气井智能泡排控制器软件操作界面如图6所示。

图6　气井智能泡排控制器软件操作界面图

1.4 泡排剂加注制度计算及智能控制方法

1.4.1 确定泡排剂加注时机

控制系统的数据采集模块实时采集气井生产数据，采用李闽模型[4]计算气井临界流量 $Q_{临}$。

气流携带液滴所需的最小流速公式为：

$$v_g = 2.5^4\sqrt{\sigma\,(\rho_1-\rho_g)\,/\rho_g^2} \qquad (1)$$

式中　v_g——气流携带液滴所需的最小流速，m/s；

　　　σ——气液表面张力，N/m；

　　　ρ_1——液体密度，kg/m³；

　　　ρ_g——气体密度，kg/m³。

气流携带液滴所需的最小流量（临界携液流量）公式为：

$$q_{sc} = 2.5\times10^8 v_g A p_{wf}/(ZT) \qquad (2)$$

式中　q_{sc}——气流携带液滴所需的最小流量，10⁴m³/d；

　　　A——油管截面积，m²；

　　　p_{wf}——井底流压，MPa；

　　　Z——井底流压及温度下的气体压缩系数；

　　　T——井底气流温度，K。

根据气井生产数据，将计算得到的气井临界流量 $Q_{临}$ 与气井实际产气量 $Q_{实}$ 进行对比。若 $Q_{实}>$ $Q_{临}$，则判定气井不存在积液；若 $Q_{实}<Q_{临}$，则判定气井存在积液。在判定气井存在积液时，为泡排剂加注时机。

1.4.2 设定泡排剂加注周期

理论上，气井积液泡排剂加注周期越短越好，可以预先设定泡排剂加注周期为 T 天，之后可根据现场试验井及气井排液情况重新设定泡排剂加注周期。

1.4.3 计算泡排剂加注量

当控制器判定气井积液时，可通过气井积液算法[5]计算得出井筒内的总积液量：

$$Q_{总} = Q_{环空}+Q_{油管}+Q_{井底} \qquad (3)$$

式中　$Q_{总}$——井筒内的总积液量，m³；

　　　$Q_{环空}$——气井环空积液量，m³；

　　　$Q_{油管}$——气井油管积液量，m³；

　　　$Q_{井底}$——气井井筒积液量，m³。

通过注剂量计算方法[6]可计算得出泡排剂预计加注量：

$$Q_{注} = (Q_{总}+Q_{日产水})M \qquad (4)$$

式中　$Q_{注}$——泡排剂预计加注量，m³；

　　　$Q_{日产水}$——气井日产水量，m³；

　　　M——有效质量分数，根据经验选取 5‰~7‰最为适宜。

根据泡排剂预计加注量及加注周期计算得出泡排剂每小时预计加注量：

$$q_{注} = Q_{注}/(24T) \qquad (5)$$

式中　$q_{注}$——泡排剂每小时预计加注量，m³；

　　　T——加注周期，d。

1.4.4 泡排剂加注智能控制方法

根据改变泵驱动电机转速而调节泵冲程的原理，可通过控制器调节驱动电机转速而达到调节柱塞计量泵输出流量的目的[7]。控制器发送指令打开电磁阀、启动驱动电机，柱塞计量泵开始加注泡排剂。驱动电机启动开始调速，使电机实际转速达到电机预定转速（$v_实=v_预$），并按照此转速连续加注泡排剂。数据采集模块实时采集柱塞计量泵实际加注泡排剂流量 $Q_泵$，当 $Q_泵\neq Q_{注}$ 时，则柱塞计量泵泡排剂实际加注量未达到控制器预计泡排剂加注量，继续加注泡排剂；当 $Q_泵 = Q_注$ 时，则柱塞计量泵泡排剂实际加注量达到控制器预计加注量，控制器发送指令停止驱动电机、停止柱塞计量泵、关闭电磁阀，结束加注泡排剂[8]。

按照上述控制流程加注泡排剂一个周期后，气井逐渐排出积液，并监测气井积液状态。若判定气井仍存在积液，由于此时气井积液已发生变化，则需要重新调节泡排剂加注量。根据控制器计算出新的 $Q'_注$，以该运行方式调节泡排剂加注量至排出气井积液。

2 现场应用

2.1 试验井概况

试验前，大庆 X 气井 2019 年 2 月至 4 月生产数据如表 1 所示，平均油压为 5.67MPa，平均套压为 17.48MPa，平均油套压差为 11.81MPa，平均日产气量为 $0.44 \times 10^4 m^3$，平均日产水量为 $0.25 m^3$。由生产数据得出，该井油套压差较高，日产气量及日产水量较低，气井积液，可使用气井智能泡排控制系统进行试验，排出气井积液，提高产气量。

表 1　X 气井 2019 年 2—4 月生产数据表

时间	油压 （MPa）	套压 （MPa）	油套压差 （MPa）	日产气量 （$10^4 m^3$）	日产水量 （m^3）
2 月	6.08	17.43	11.35	0.51	0.30
3 月	5.58	17.33	11.75	0.43	0.24
4 月	5.35	17.67	12.32	0.39	0.21

2.2 效果分析

2019 年 8 月，在 X 气井应用气井智能泡排控制系统开展先导性现场试验。系统根据采集的气井生产数据，实时分析判断气井积液状态，计算优化调整泡排剂加注量。2019 年 8 月至 12 月，该井平均油套压差 Δp 为 3.04MPa，较试验前降低了 8.77MPa，平均日产气量为 $3.10 \times 10^4 m^3$，平均日产水量为 $4.53 m^3$，较试验前分别增加了 $2.66 \times 10^4 m^3$、$4.28 m^3$，取得了很好的排水采气效果，X 气井生产数据如图 7 所示。

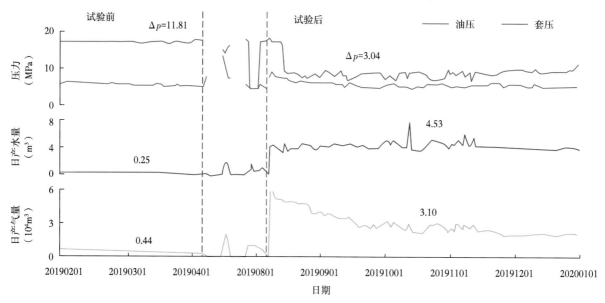

图 7　X 气井生产数据图

2019 年 9 月至 10 月 X 气井生产数据如表 2 所示。该井在加注周期为 5 天、加注量为 13kg 时，日产气量与日产水量趋于降低，而油套压差趋于增大，经智能优化调整后，泡排剂加注量调整为 6kg，油套压差逐渐降低，而日产气量与日产水量逐渐升高，智能调节泡排剂加注有效。

表 2　X 气井 2019 年 9—10 月生产数据表

日期	油压 （MPa）	套压 （MPa）	油套压差 （MPa）	日产气量 （$10^4 m^3$）	日产水量 （m^3）	泡排剂加注量 （kg）
20190912	5.8	8.6	2.8	3.5939	4.85	13
20190917	6.0	7.4	1.4	3.6936	4.90	13
20190922	5.4	9.0	3.6	2.8934	4.63	13
20190927	5.3	9.2	3.9	2.9846	4.80	6
20191002	5.8	8.0	2.2	3.1410	5.07	6
20191007	5.9	7.9	2.0	3.3348	5.39	6

3　结　论

（1）形成了集在线实时数据采集、智能分析优化决策和注剂调节为一体的智能泡排控制系统，能有效延长泡排维护周期，提升泡排工艺的准确性和时效性，为减缓气井产量递减速度、提高气藏采收率提供技术支撑。

（2）应用气井智能泡排控制系统在大庆 X 气井开展了先导性现场试验，试验后气井平均油套压差由 11.81MPa 降低到 3.04MPa，日均增气量为 $2.66×10^4 m^3$，日均增加产水量为 $4.28m^3$，与以往泡排工艺相比，节省了泡排剂使用量，提高了气井泡排工艺措施的有效性。

（3）目前气井智能泡排控制系统现场应用次数较少，下一步需要针对不同气井井况、不同的气井生产数据进行分析，增加试验井数，更好地验证气井智能泡排控制系统的性能。

参考文献

［1］张振文，尚万宁，贾浩民，等．靖边气田自动化泡沫排水采气工艺技术应用与优化［G]∥第九届宁夏青年科学家论坛石化专题论坛论文集 2013 年 1 辑．银川：石油化工应用杂志社，2013：202-205.

［2］冯朋鑫，任越飞，罗彩龙，等．苏里格气田气井数字化排水采气技术应用效果分析［G］∥第三届信息化创新克拉玛依国际学术论坛论文集 2014 年 1 辑．北京：中国科学技术出版社，2014：94-103.

［3］林生茂，陈家晓，杨智，等．长宁页岩气自动化泡排加注工艺技术研究与应用［J］.钻采工艺，2020，43（增）：64-67.

［4］张伟，刘智锋．排水采气工艺技术研究［J］.辽宁化工，2021，50（5）：747-749.

［5］赵春立，杨志，张正祖．气井井筒积液及其高度研究［J］.重庆科技学院学报，2011，13（5）：93-95.

［6］周铨，康成瑞，李兴．井筒积液预测方法研究与应用［J］.石油仪器，2009，23（5）：70-72.

［7］杨强．基于在线测控的一体化连续泡沫排水采气技术［G]∥大庆油田有限责任公司采油工程研究院．采油工程 2021 年第 1 辑．北京：石油工业出版社，2021：66-71.

［8］陈琳．不关井排水采气旁通式柱塞结构设计及优化［G]∥大庆油田有限责任公司采油工程研究院．采油工程 2021 年第 1 辑．北京：石油工业出版社，2021：61-65.

葡萄花油田葡 42-5 井区致密储层开采
工艺优化设计与实施

刘文苹，冯　立，蒋国斌，高　翔，熊　涛

（大庆油田有限责任公司采油工程研究院）

摘　要：为了进一步实现低孔特低渗致密储层经济有效开发，开展了葡 42-5 井区致密储层开采工艺优化设计研究。针对葡萄花油田扶余油层砂岩发育层数多、单层厚度薄、储层物性差、油层发育零散、产量低、开发效益差的地质特征和开采难点，采用弹性开采方式与大规模体积压裂工厂化施工相结合的手段，通过采取新技术集成、全周期优化、一体化融合方案设计举措，针对性地开展压裂、举升和配套采油工艺优化设计。实施效果表明，水平井投产 1 年平均单井日产液量为 32.8t，平均单井日产油量为 11.7t，储量整体动用程度达到 70.9%。研究成果可为同类条件油藏"效益增储建产"提供技术借鉴。

关键词：葡萄花油田；致密储层；开采工艺；压裂；水平井

葡萄花油田葡 42-5 井区紧邻垣平 1 试验区，位于松辽盆地中央坳陷区大庆长垣葡萄花构造，构造总体上是一个近南北向被多条北西向断层所分割的背斜构造，呈东陡西缓的趋势。

垣平 1 试验区于 2013 年开辟，采用长井段水平井整体开发，取得较好开发效果。借鉴垣平 1 试验区的开发模式和成功经验，在葡 42-5 井区继续推进水平井整体开发，开展不同压裂工艺对比试验。

葡 42-5 井区主要开采层位为扶余油层，储层有效孔隙度为 12.5% ~ 20.5%，平均孔隙度为14.9%；渗透率为 0.35 ~ 10mD，平均渗透率为1.79mD，为低孔特低渗致密储层[1]。采油工程方案设计围绕"用最优的技术编方案，编最有效益的方案"的指导思想，通过针对性地开展采油工艺优化设计[2]，实现了前期设计、现场实施、后期跟踪多轮次地质工程的一体化结合和有效实施，提高了致密油藏难采储量动用程度和单井产量，实现了致密油产量重大突破，降低了开发成本，支撑了葡萄花油田致密储层效益建产[3]。

1 油田概况

1.1 区块概况

葡萄花油田葡 42-5 井区构造上处于松辽盆地北部中央坳陷大庆长垣二级构造带南部的三级构造带，其所在的葡萄花构造处于古龙凹陷及三肇凹陷两个生油凹陷中间。主要发育河道砂体、分流河道砂体。河道砂体总体呈条带状或断续条带状展布，河道宽度为 400~800m，近南北向和北东向延伸，延伸长度为 0.5~2.0km，为浅水河流—三角洲沉积，属于西南部物源。油藏埋藏深度为1379~1681m，平均为 1525m；原始地层压力为19.73MPa，饱和压力为 5.18MPa。压力系数为1.01~1.32MPa/100m，平均为 1.22MPa/100m，属较高压力系统油藏。地层温度为 82.2 ~ 102.7℃，平均地温梯度为 5.42℃/100m，属较高地温梯度油藏。气油比平均为 22.7m³/t。地面原油密度平均为0.864t/m³；原油黏度平均为 32.8mPa·s；凝固点平均为 34℃；含蜡量平均为 24.5%；胶质含量平均

第一作者简介：刘文苹，1980 年生，女，高级工程师，现主要从事采油工程方案设计、综合评价及相关科研工作。
邮箱：liuwenping@petrochina.com.cn。

为15.3%。地层原油密度平均为0.7962t/m³；原油黏度平均为5.32mPa·s；原油性质较好，具有低密度、低凝固点、低黏度、不含硫的特点。油藏类型为大面积岩性背景下的断层—岩性油藏，油水分布纵向上受重力分异控制，总体上呈现上油下水的分布特征。砂岩碎屑成分中石英含量为18%~27%，长石含量为24%~35%，岩屑含量为28%~42%，粒度中值为0.03~0.35mm，泥质含量为7%~20%，属含泥长石岩屑粉—细砂岩，胶结物以泥质胶结为主。砂岩分选基本上为好—中等，磨圆程度中等，以次棱角状为主，部分为次棱角—次圆状，风化程度为中等。接触关系有点式、点—线式及线—点式，个别井发育有线式。黏土矿物以伊利石为主，相对含量为65%左右；其次为绿泥石，相对含量为23%左右。葡42-5井区内探明未动用储量规模较大，区内扶余油层有已完钻探井、评价井及开发井20口，其中试油井7口，获工业油流井5口，试油日产量为2.04~16.32t，平均为7.92t。

1.2 开发方案部署

葡萄花油田葡42-5井区开采层位确定为扶余油层，目的层呈现砂岩发育层数多、单层厚度薄、油层发育零散的特点，油层主要集中在扶一组。各小层砂岩厚度为2.0~3.8m，有效厚度为0~2.9m。开发方案设计水平井6口，预计平均单井日产液量为18.7t，日产油量为11.2t，动用含油面积为6.6km²，地质储量为139×10⁴t，建成产能2.02×10⁴t。

2 采油工艺优化设计

2.1 因井施策

2.1.1 水平井套管固井滑套体积压裂+局部穿层压裂组合工艺试验

葡42-平3井开采目的层位为FI3，水平段长度为1246m，固井质量良好，钻遇含油砂岩1031m，含油砂岩钻遇率为82.7%，其中油斑834m，油迹197m。

油田致密油体积压裂[3-5]主要采用复合桥塞进行分段压裂。由于储层非均质性影响，段内各条裂缝间不可避免地存在干扰，同时，完成每段压裂施工后，压裂车组需要等停2~3小时进行推塞、射孔。全井完成压裂施工后，还需要钻塞后才可投产。因此，针对复合桥塞水平井体积压裂工艺施工效率低、费用高及段内裂缝间干扰的问题，试验应用水平井套管固井滑套体积压裂结合局部穿层压裂"穿泥找砂"。

根据葡42-平3井砂体展布、井网井距、经济效益及储层分类情况，优化缝长为190~400m，个性化设计压裂规模间距，Ⅰ类储层缝间距为37m，布缝20条；Ⅱ类储层缝间距为35m，布缝6条；Ⅲ类储层缝间距为30m，布缝2条；对井眼轨迹未钻遇含油砂岩的水平段，设计缝间距为30m，采取穿层压裂布缝5条，以提高致密油藏储量动用程度。

方案实施后，实现了一趟管柱完成33段固井滑套水平井体积压裂，压裂施工曲线图如图1所示。单日最多压裂施工10段，支撑剂用量为1788m³，压裂液用量为11372m³。投产初期日产液量为39.8t，日产油量为17.6t；2020年10月日产液量为14.2t，日产油量为7.5t，2018年8月投产以来，累计产油量6750t，说明水平井固井滑套体积压裂工艺与可控穿层压裂结合，储层改造针对性强，实施效果好。固井滑套压裂工艺施工效率较高，与桥塞压裂工艺相比，节省射孔、推塞、压裂后钻塞等工序费用，提高了施工效率，大幅度降低了压裂投资成本。

2.1.2 水平井密切割体积压裂+全程滑溜水+全石英砂组合工艺试验

葡42-平4井开采目的层位为FI5，水平段长度为1106m，钻遇含油砂岩1046m，含油砂岩钻遇率为94.6%，钻遇率高，其中油斑1021m，油迹25m，以Ⅰ类、Ⅱ类储层为主。

针对致密油[4-5]水平井常规体积压裂缝间距过大、簇间距过大、储层改造不充分问题，试验应用水平井密切割体积压裂工艺。按照"提高Ⅰ类、压好Ⅱ类、控制Ⅲ类"原则，结合储层分类特征、砂体展布及邻井关系，分不同类型储层精细优化裂缝间距设计。压裂布缝示意图如图2所示，将葡 42-平 4 井水平段分为 23 段 64 簇（64 条裂缝）进行改造，平均缝间距为 17m。其中设计Ⅰ类储层缝间距 20m，布缝 20 条；Ⅱ类储层缝间距为 16m，布缝 41 条；Ⅲ类储层缝间距为 10m，布缝 3 条。

优化裂缝长度为 100~400m，优选复合桥塞单段多簇压裂工艺，支撑剂选用石英砂，压裂液全程应用滑溜水，以确保致密油水平井体积压裂效果。

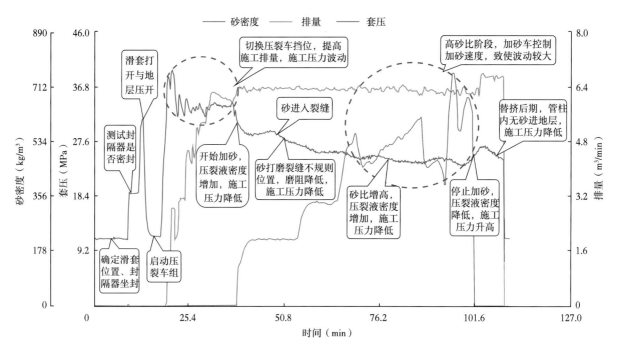

图 1　葡 42-平 3 井压裂施工曲线图

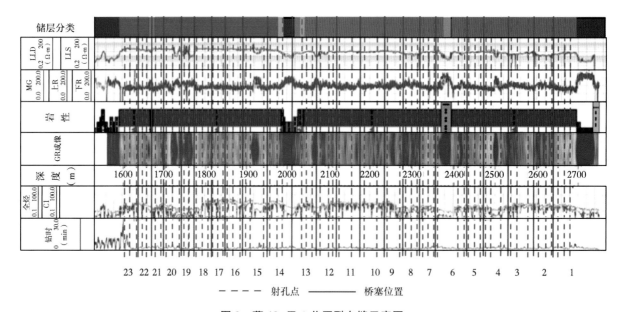

图 2　葡 42-平 4 井压裂布缝示意图

方案实施后，支撑剂用量为 1952m³，压裂液用量为 20283m³。投产初期，平均日产液量为 45.3t，平均日产油量为 35.3t；稳定后，日产液量为 17.5t，日产油量为 10.0t；2018 年 8 月投产以来，累计产油量达 1.26×10⁴t，产量是同区块、同物性水平井的 1.8~4.5 倍，实现单井年产近万吨的产能规模，表明水平井密切割体积压裂+全程滑溜水+全石英砂措施高产、稳产时间长，对压裂后产能有较好促进作用，既保证了体积压裂改造效果，又提高了单井产量。

2.2 多措并举

2.2.1 优化举升机电设备组合

2.2.1.1 举升方式优选

通过分析邻近垣平1试验区生产运行中的冲程、冲次、泵效等举升参数及生产数据资料，可以看出水平井产量变化范围大，单井产能下降快，为举升方案机采设计提供了技术借鉴。葡42-5井区开采层位属于致密难采储层，依据经济适用、管理方便和安全生产原则，考虑到不同举升工艺优缺点和设备适应性，为便于今后工作制度调整，设计采用抽油机—有杆泵举升方式采油。

2.2.1.2 抽油泵优选

为实现降本节支需要，实际举升工作参数应以长冲程、低冲次为主。油藏预测拟布水平井，投产初期平均单井日产液量18.7t，日产油量11.2t。按初期日产液量选择泵型，计算了泵径为44mm和57mm两种规格抽油泵分别在45%、50%、55%、60%和65%不同泵效下的理论排液量和预测排液量，预测结果如表1所示。最终优选了泵径为57mm的抽油泵。由于斜井泵能最大限度提高单井产量，可以解决常规泵的排量随泵挂处井斜角的增大、泵效随之降低的问题，为提高泵效，本方案抽油泵优选斜井泵。

表1 不同抽油泵在不同泵效下排液量预测表

泵径（mm）	冲程（m）	冲次（min⁻¹）	理论排液量（t/d）	不同泵效下的预测排液量（t/d）				
				45%泵效	50%泵效	55%泵效	60%泵效	65%泵效
44	3	2	13.1	5.9	6.6	7.2	7.9	8.5
		3	19.7	8.9	9.9	10.8	11.8	12.8
		4	26.3	11.8	13.1	14.5	15.8	17.1
57	3	2	22.0	9.9	11.0	12.1	13.2	14.3
		3	33.1	14.9	16.5	18.2	19.8	21.5
		4	44.1	19.8	22.0	24.3	26.5	28.7

2.2.1.3 抽油机优选

按预测最高产液量优选抽油机，尽量做到整个生产周期内不换抽油机，满足全生命周期生产需要，控制能耗，降低成本。为保证采油井能够实现节能目的，按"满载荷设计"思想，应满足正常生产时最大载荷和最大扭矩需要。借鉴邻近区块经验，结合预测产液量，应用抽油机选型优化设计方法，计算最大工作载荷为72.08kN，最大扭矩为22.29kN·m。选用CYJY8-3-37HB型抽油机，其载荷利用率为90.1%，扭矩利用率为60.2%，能够满足油藏预测产能指标实现。

2.2.1.4 电动机及配电装置优选

根据油藏预测产能指标，水平井投产初期产量为最高产量，平均单井日产液量18.7t，日产油量11.2t。但递减较快，第5年平均单井日产油量降到3.23t，同初期相比下降了76%，水平井产量变化幅度较大。围绕控能耗目标[6]，按"不停机运行"思想，优化抽油机机型与电动机组合方式，针对性地优选了机抽方式与配电装置，合理匹配了机电设备。经过多方案技术优化和经济对比论证，优选了单速单功率电动机，与同等功率的双速双功率相比，每台电动机降低投资1.226万元。

2.2.2 个性化杆柱组合设计

2.2.2.1 抽油杆设计

为减少抽油杆断脱比例，延长抽油杆的使用寿命，根据采油工程手册中的相关计算公式，选取可能采用的最大抽汲参数进行抽油动态预测和强度校核，计算了正常生产时的最大载荷、最小载荷、最大扭矩及最大折算应力，计算结果详见表2。设计拟布水平井抽油杆全部选用直径22mm、许用应力为130N/mm²的HY级抽油杆。

表 2 葡 42-5 井区水平井有杆泵抽油参数计算结果表

泵径（mm）	冲程（m）	冲次（min⁻¹）	最大载荷（kN）	最小载荷（kN）	扭矩（kN·m）	折算应力（N/mm²）
57	3	3~4	66.56~72.08	38.88~41.87	20.50~22.29	79.88~86.82

2.2.2.2 防偏磨工艺设计

在生产过程中，由于抽油杆柱和油管柱底端受轴向压力而失稳屈曲或在弯曲井段中受拉变形，抽油杆和油管之间不可避免地要发生接触。伴随着抽油杆柱的上下运动，抽油杆和油管之间相互摩擦就会导致磨损现象的发生。

根据葡 42-5 井区水平井钻井轨迹等基础资料，应用抽油机抽油杆、油管磨损应力分析防治系统软件进行了防偏磨工艺设计，预测了抽油杆易发生偏磨的位置，如图 3 所示。通过优化设计偏磨防治措施，防止了抽油杆、油管偏磨，延长了检泵周期，进一步降低了机采井运行成本。

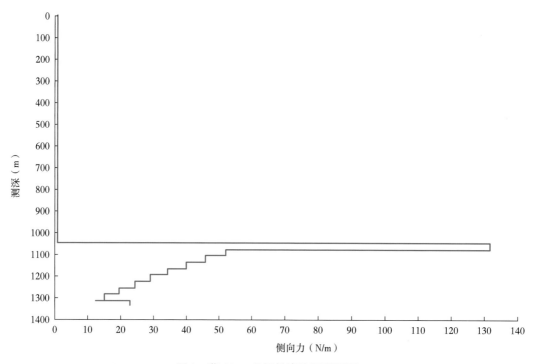

图 3 葡 42-5 井区偏磨位置预测图

从预测结果看出，葡 42-5 井区水平井磨损区域为 1058.80~1334.30m。分析葡北油田三四断块、葡 108 区块、葡南油田三五断块、葡 56 区块、葡 182 区块等采油井检泵原因，设计葡 42-5 井区拟布水平井全部应用 HY 级定位扶正可旋式防偏磨刮蜡高强度抽油杆，提高配套采油工艺措施的针对性，以延长采油井检泵周期。

2.3 统筹考虑

针对致密储层难采储量低孔、低渗、层薄、连续性差、含油饱和度低，以及整体动用难度大、压裂成本高、效益建产难的问题，采油工程联合油藏、钻井、采油厂等多单位，不断打破常规，持续改进"油藏—设计—施工"一体化方案设计模式[7]，注重多方案、全过程、全方位技术优化、经济对比论证，努力强化方案顶层设计，降低开发成本作用，满足油田开发提质增效需要。

2.3.1 优化完井工艺设计

根据储层压裂改造[8]需要优化射孔工艺，优选低成本射孔枪弹组合，优选清水作为射孔液；针对致密油区块平台井、斜井多特点，优化射孔工艺输送方式，降低完井投资。

2.3.2 优化压裂工艺设计

结合储层物性、固井质量及实际钻遇情况，精细优化压裂层段、簇数及簇间距等压裂规模参数，优化工厂化施工方案，实现充分利用"工厂化"提高效率，降低压裂成本。工厂化施工设计结合井型、保障能力选择施工模式；结合平台位置、地面条件等优选蓄水池位置，确定共用水源井数量；结合井口距离优化车组摆布；结合压裂工艺、排量要求、砂量液量等优选施工设备。通过改变设计理念，优选低成本压裂液和支撑剂压裂材料，水平井体积压裂施工提效降本效果显著，实现了裂缝与砂体合理匹配。

2.3.3 优化举升工艺设计

按"满载荷设计"思想，优化新型机抽方式，实现机采方式转变，合理匹配机电设备；优化设计偏磨防治措施，延长检泵周期，进一步降低机采井运行成本。

通过统筹考虑前期设计、现场实施、后期跟踪多轮次地质工程一体化融合，形成了以设计桥塞压裂水平井射孔工艺采用管输+电缆连接桥塞及射孔枪泵送为代表的固化成熟技术，扩大试验水平井少段多簇密切割复合桥塞、固井滑套体积压裂对比技术，以及以全井滑溜水压裂液为代表的改进提升技术3个层次的致密油方案技术设计应用模式，致密油方案平均单井设计投资较初期下降35%以上，降低一次性投资。

3 现场实施效果

葡42-5井区于2018年8月投产，水平段长度为1074~1246m，平均为1151m；钻遇含油砂岩长度666~1046m，平均为892m。单井压裂液用量为10181~20283m³，平均为13302m³；单井加砂量为1666~1960m³，平均为1842m³。单井压裂13~33段、32~64簇，平均单井压裂21段41簇；压裂方式以切割为主，全部采用工厂化施工。

水平井投产1年平均单井日产液量为32.8t，平均单井日产油量为11.7t，达到方案预测产能11.2t的105%，储量整体动用程度达到70.9%，实现了致密油产量重大突破。

在采油工程方案的指导下，葡42-5井区开发效果超过地质预测指标，截至2020年12月底，累计产油量达到2.93×10⁴t，方案实施效果好，开发效益显著。

4 结　论

（1）通过综合分析致密油储层开发面临的实际问题，从新技术集成、全周期优化等多重维度进行多措并举，提高了储层改造针对性和施工效率，满足了致密储层降本增效需要。

（2）通过系统优化举升机电设备组合、个性化杆柱组合设计、工厂化施工等关键工艺，实现了采油工艺设备与油藏预测产能匹配，延长了采油井检泵周期，形成了针对性采油工程配套技术系列。

（3）通过统筹考虑，开展多方案对比分析和技术经济优化，注重一体化融合，形成了葡萄花油田致密储层有效动用和方案设计新模式。

（4）葡42-5井区致密储层开采工艺优化设计为长垣外围致密储层效益建产提供了技术借鉴。建议结合储层实际，进一步开展缩小缝间距试验，实现储层充分改造。

参考文献

[1] 李道品. 低渗透砂岩油田开发 [M]. 北京：石油工业出版社，1997.

[2] 张琪，万仁溥. 采油工程方案设计 [M]. 北京：石油工业出版社，2002.

[3] 袁春敬，汪玉梅，杨光. 大庆油田致密扶杨油层缝网压裂技术研究与应用 [G]//大庆油田有限责任公司采油工程研究院. 采油工程文集2017年第3辑. 北京：石油工业出版社，2017：26-32.

[4] 翁定为，雷群，李东旭，等. 缝网压裂施工工艺的现场探索 [J]. 石油钻采工艺，2013，35（1）：59-62.

[5] 翁定为，雷群，胥云，等. 缝网压裂技术及其现场应用 [J]. 石油学报，2011，32（2）：280-284.

[6] 杨野. 大庆油田机械采油节能技术现状及展望 [J]. 机电工程技术，2010（11）：132-135.

[7] 冯立，刘文苹，王群嶷，等. 贝尔凹陷滚动开发总体方案设计及采油工艺优化 [G]//大庆油田有限责任公司采油工程研究院. 采油工程2019年第4辑. 北京：石油工业出版社，2019：69-73.

[8] 高武彬，陈宝春，王成旺，等. 缝网压裂技术在超低渗透油藏裂缝储层中的应用 [J]. 油气井测试，2014，23（1）：52-54.

外围储层精细分层注水试验与认识

于生田，李　亮，刘明昊，牛伟东，霍明宇

（大庆油田有限责任公司第八采油厂）

摘　要：为了提高外围葡萄花油田储量动用程度，针对油层跨度小、隔层薄及配注量低等特点，完善了细分配套工艺技术。在精细油藏描述的基础上，从细分、提高投捞成功率、提高测试精度3个方面开展现场试验。应用双组胶筒和长胶筒封隔器，解决了小隔层细分的问题；应用正、反导向配水器交替配置，解决了多级小卡距细分的问题；应用集流式流量计，解决了测试精度低的问题。优选两个区块现场试验井44口，实现了0.4m隔层及2m卡距的细分，达到分得开、捞得出、测得准的目的。细分后，提高了储量动用程度，控制了含水上升率和自然递减率，达到了精细油田开发的目的，为推广应用奠定了基础。

关键词：小隔层；小卡距；精细分层；流量计；细分注水

以往的细分工艺重点以解决小隔层细分、小卡距投捞及提高测试精度等单一问题为主。随着外围油田开发工作的深入，对细分工艺提出更高要求，需要在30m以上的储层跨度范围内，细分5段以上，单段最低配注量为3m³/d。单井细分难度大，迫切需要综合解决小隔层细分、小卡距投捞及高精度测试问题，满足油田开发对细分工艺的需求。

1 储层发育特点与试验区的建立

1.1 储层发育特点

大庆外围油田注水井具有小层数多、分注层段数少、单段配注量低的特点，平均单井射开小层数6.4个、单井层段数2.3个、隔层厚度为3.5m，平均单井配注量为15m³/d。通过吸水剖面资料分析，由于单井细分层段数少，层间差异大，层间吸水比例差异较大，部分小层储量动用程度低，具有较大的细分潜力空间。外围葡萄花油田储层与老区长垣储层相比，具有油层跨度小、发育隔层薄及单井配注量低等特点，增加了细分和测调的难度。

1.2 试验区的建立

为了通过提高注水井细分层段数，缓解层间矛盾、增加储量动用，2019年在S油田优选了A、B两个典型区块开展了精细分层注水试验，共实施细分44口井，细分层段总数由110段上升到214段，平均单井细分层段数由2.5段上升到4.9段。

A区块主要发育窄条带状的河道砂，发育层数多、厚度大、规模小、相变快；砂岩钻遇率为46.1%，有效钻遇率为27.8%。平均单井射开小层数6.6个、砂岩厚度为10.1m、有效厚度为3.6m。统计正常生产的84口井数据，从小层数看，以小于1m的小层为主，层数占比为77.9%。动用含油面积为12.7km²，地质储量为373.3×10⁴t，共有油水井86口，其中注水井22口、采油井64口，平均单井日产液量为4.1t，日产油量为0.6t，综合含水率为85.4%。

B区块主要发育三角洲外前缘相席状砂体，砂

第一作者简介：于生田，1965年生，男，高级工程师，现主要从事采油工程管理工作。

邮箱：yushengtian@ petrochina. com. cn。

体规模大，层数少，厚度薄；砂岩钻遇率为82.3%，有效钻遇率为47.2%。平均单井射开小层数5.0个，砂岩厚度为7.0m，有效厚度为2.1m。统计正常生产的62口井数据，从砂岩、有效厚度看，以0.5～2.0m的小层为主，小层数占比为46.0%。动用含油面积8.53km²，地质储量为192.02×10⁴t，共有油水井70口，其中注水井27口，采油井43口，平均单井日产液量为5.1t，日产油量为1.7t，综合含水率为66.7%。

在精细油藏描述的基础上，从细分、提高投捞成功率及提高测试精度3个方面开展现场试验，完善配套工艺技术。

2 配套工艺技术完善

针对大庆外围油田储层发育特点及生产实际，在完善细分工艺、投捞工艺及测试工艺3个方面开展相关工作。

2.1 完善细分工艺

在试验区细分44口井，最小隔层厚度仅为0.4m，不大于1m的隔层数为42个，封隔器细分定位难度大。通过优化坐封力和解封力，使其适应1500m井深生产需求，完善应用双组胶筒封隔器（图1）细分工艺。利用双组胶筒密封小隔层（现场应用15口井）。与单组胶筒相比，卡层准确率提高了1倍[1-2]。

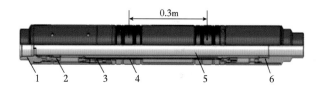

图1　双组胶筒封隔器结构示意图
1—上接头；2—解封机构；3—坐封机构；4—胶筒；
5—中心管；6—下接头

通过优化胶筒结构设计，提高胶筒耐用性，完善应用长胶筒封隔器（图2）细分工艺，利用胶筒长度（为1m）优势密封小隔层（现场应用4口井）。与双组胶筒相比，适用隔层厚度更小。

其他应用小卡距细分工艺10口井，逐级解封细分工艺7口井及常规细分工艺8口井。实施细分后，现场共验封13口井61个层，密封率为100%。

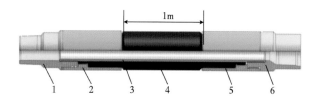

图2　长胶筒封隔器结构示意图
1—下接头；2—下密封环；3—中心管；4—胶筒；
5—上密封环；6—上接头

悬挂式管柱在正常注水时，因注水压力变化会受到活塞效应、螺旋弯曲效应、膨胀效应及温度效应的影响，使管柱上移导致封隔器移出小隔层，致使封隔失效。依据有关研究[3]，假设分两段注水，每级封隔器的摩擦力按20kN计算，不同注水压力产生的管柱变形量如表1所示。

表1　不同注水压力产生的管柱变形量表

序号	注水压力 （MPa）	油管深度 （m）	管柱变形量 （m）
1	18	1500	1.23
2	20	1500	1.40
3	22	1500	1.56
4	25	1500	1.81
5	18	2000	1.65
6	20	2000	1.75
7	22	2000	2.09
8	25	2000	2.42

通过采用支井底工艺管柱，管柱整体处于受压状态，不受活塞效应、螺旋弯曲效应、膨胀效应及温度效应的影响，从根本上解决了管柱蠕动问题，保证了小隔层的长期稳定封隔。

2.2 完善投捞工艺

试验区块井相邻层位距离近，细分层段多，投捞距离不足（一般要求在8m以上），部分小跨度细分层（最小跨度为1.8m）工具排不开[4]。同时应用的Y341型封隔器内径为55mm，与油管内径62mm有差距。投捞仪器通过时动能损失大[5]，易出现投捞错层或捞不到堵塞器的问题，增加了投捞施工的难度。针对小跨度细分层，应用双组胶筒封隔器，其工具内径为 62mm，与油管内径相同，投捞器可顺畅通过工具连接位置，降低了投捞过程的动能损失，提高了投捞成功率。

配套应用双导向配水器，最小卡距由 8m 缩小至 2m。配套应用双导向配水器的细分工艺结构示意图如图 3 所示。交错使用正、反导向配水器，利用导向差异实现分级投捞，配套应用内径 62mm 的双组胶筒封隔器，与正、反导向投捞器（图 4）配套使用，增加了层段同向投捞距离，同时将投捞器的外径由 42mm 优化为 38mm，提高了通过性，实现了 2m 卡距精准投捞[6-7]。现场应用 10 口井共 14 个层段，一次投捞成功率为 87%，施工效率提高了 20% 以上，保证相邻配水器投捞不受干扰。

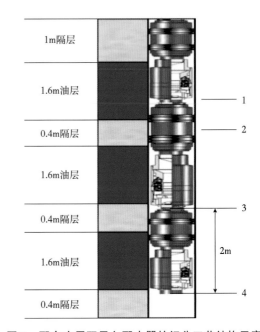

图 3　配套应用双导向配水器的细分工艺结构示意图
1、4—正导向配水器；2—双组胶筒封隔器；3—反导向配水器

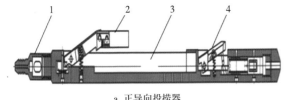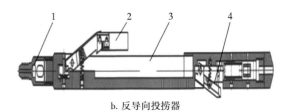

a. 正导向投捞器　　　　　　　　　　b. 反导向投捞器

图 4　正、反导向投捞器结构示意图
1—打捞头；2—投捞爪；3—主体；4—导向爪

2.3 完善测试工艺

统计两个试验区 214 个层段配注情况，配注量达到 3m³/d 的层段占比为 47.7%，流量计标定量程为 1~100m³/d，精度为 ±1%，无法满足测试精度要求。为解决此问题，开展了相关试验工作。

2.3.1 小量程流量计优选改进

通过室内实验多次标定不同厂家流量计在小流量下的测试精度和稳定性。通过进一步改进电路、信号强度、探头结构、材质、采样精度、过流速度和探头距离，重新设计了超声波小量程流量计，扩大了探头距离，优化了采样程序，量程为 1~60m³/d，启动排量为 1m³/d，测试精度为 ±1%，基本满足了单层配注量为 3m³/d 的测调需求[8]，但测试精度仍然较低。

2.3.2 集流式流量计试验

为了进一步提高测试精度，开展了集流式流量计（图 5）的研制与现场试验。与目前普遍应用的非集流式流量计相比，具有以下特点：

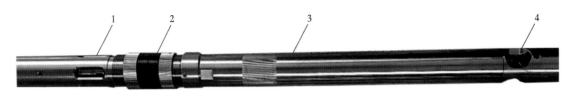

图 5　集流式流量计结构示意图
1—入水孔；2—集流皮碗；3—流量测量主体；4—出水孔

（1）被测流体集中通过仪器内部，同等流量条件下流速提高了14倍。

（2）启动排量由原来的1m³/d下降到0.2m³/d。

（3）测试精度由±1%提高到±0.6%。

集流式流量计室内标定结果（图6）显示：集流式流量计在其标定流量范围内，测试误差较小，均控制在±0.6%以内。在现场试验时，优选1口5段低压注水井试验5次，在逐步解决了密封皮碗工作故障及耐压密封等问题后，试验取得了成功，

顺利测试出各层段注水量，为3m³/d小流量的精准测调提供了可靠保障。

2.3.3 配套新型全密封可调水嘴

采用新型全密封可调水嘴（代替死嘴）随作业下入井下管柱，实现作业后仪器一次下井可打开全部水嘴[9]。结合专项施工和提前预判水嘴尺寸等措施，平均单井测调周期由初期的6.5天缩短到4.1天，测试合格率达到99.5%，有效提高了测调效率。

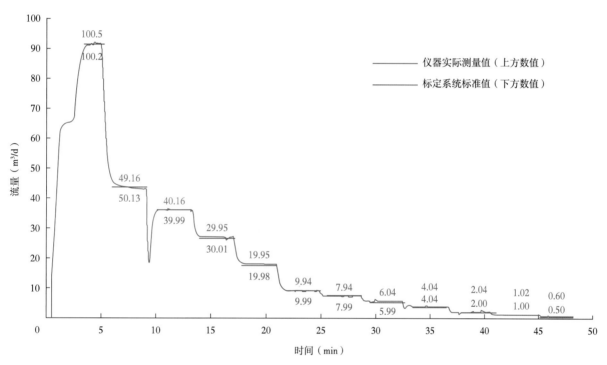

图例：
—— 仪器实际测量值（上方数值）
—— 标定系统标准值（下方数值）

图6　集流式流量计室内标定曲线图

3 现场试验

试验区在满足细分和测调需求的前提下，优先采用常规细分工艺。常规细分工艺无法解决的，结合精细分层工艺组合细分，进一步降低工具成本和管理难度。试验区共实施细分44口井，测调顺利，单井细分层段由2.6段增加到4.9段，最高分9段，平均层段内小层数由2.4个下降到1.3个（表2）。储量动用程度提高4%，折算增加动用地质储量22.4×10⁴t（表3），取得了较好的试验效果。

表2　试验区块细分前后层段及单卡情况对比表

区块	细分前					细分后				
	单井层段数（段）	单卡层数（个）	单卡砂岩厚度（m）	单卡有效厚度（m）	单卡单注比例（%）	单井层段数（段）	单卡层数（个）	单卡砂岩厚度（m）	单卡有效厚度（m）	单卡单注比例（%）
A区块	2.8	2.6	3.7	1.3	22.4	5.2	1.3	2.0	0.7	79.6
B区块	2.4	2.2	3.0	0.9	21.4	4.6	1.2	1.6	0.5	84.9
平均	2.6	2.4	3.3	1.1	21.9	4.9	1.3	1.8	0.6	82.2

表 3　试验区块储量动用情况对比表

区块	地质储量（10^4t）	细分前				细分后				储量变化情况	
		吸水厚度（m）	吸水比例（%）	储量动用程度（%）	折算动用地质储量（10^4t）	吸水厚度（m）	吸水比例（%）	储量动用程度（%）	折算动用地质储量（10^4t）	动用程度（%）	折算动用地质储量（10^4t）
A 区块	373.30	81.2	95.6	95.6	357.0	83.5	98.4	98.4	367.1	2.7	10.1
B 区块	192.02	41.7	88.7	88.7	170.4	44.7	95.1	95.1	182.6	6.4	12.3
合计/平均	565.32	122.9	93.2	93.2	527.4	128.2	97.2	97.2	549.8	4.0	22.4

4　结　论

（1）对于开发层段整体厚度小、隔层厚度小、油层薄的外围油田葡萄花储层，在进入高含水开发阶段后，实施精细分层注水开发，储量动用程度提高 4%，为高水平开发类似储层提供了借鉴。

（2）采用双组胶筒和长胶筒封隔器，满足了不大于 0.4m 小隔层细分需求。

（3）采用双导向配水器及配套的投捞工具，满足了 2m 小卡距细分、投捞需求。

（4）通过非集流式流量计优化改进、小量程标定等措施，基本满足了单层 3m³/d 的测调需求。通过应用集流式流量计，降低了启动排量，提高了测试精度，测调更加精准。

（5）细分后，提高了储量动用程度，控制了含水率和自然递减率上升，达到了精细油田开发的目的，为推广应用奠定了基础。

参考文献

[1]　谭畅. 注水井优化细分的原则及潜力 [J]. 内蒙古石油化工，2014（11）：53-55.

[2]　张艳鸣. 分层注水井小间距配水投捞技术的研究 [J]. 内蒙古石油化工，2014（6）：28-30.

[3]　于建涛. 不同注水情况下管柱受力分析与改进设计 [J]. 内蒙古石油化工，2013（4）：79-80.

[4]　刘冬明，刘晓，侯书扬，等. 水驱砂岩油藏特高含水期注水井细分界限初探 [G]//大庆油田有限责任公司采油工程研究院. 采油工程 2012 年第 1 辑. 北京：石油工业出版社，2012：52-56.

[5]　王陈英. A 油田细分注水技术的研究和应用 [J]. 中国石油和化工标准与质量，2013（1）：79-80.

[6]　杜贵涛. 大庆油田精细分注工艺技术研究及在水驱挖潜示范区的应用 [J]. 内蒙古石油化工，2012（20）：57-59.

[7]　陈国强. 分层注水最小隔层厚度界限计算 [G]//大庆油田有限责任公司采油工程研究院. 采油工程 2014 年第 1 辑. 北京：石油工业出版社，2014：10-14.

[8]　赵欣. 新型分层注水工艺智能测调技术的研究 [J]. 化学工程与装备，2016（1）：50-51.

[9]　谢华，王凤. 细分注水方法的研究 [J]. 油气田地面工程，2007（2）：8-9.

套管外浅层水外漏治理工艺的实践与认识

车 亮

（大庆油田有限责任公司第四采油厂）

摘　要：为了提高套管外浅层水外漏治理的成功率，研究了重打水泥帽治理浅层水外漏工艺。在实践中针对不同特点的浅层水外漏井，有针对性地探索了不同的技术措施，主要包括间歇灌注水泥浆措施、多孔分层段布孔措施、封隔器挤注水泥浆措施及焊固结合措施，优化了重打水泥帽治理浅层水外漏工艺方法。同时，在实践中发现重打水泥帽治理浅层水外漏工艺仍然存在一些不足，探讨了解决方案。该工艺现场应用14口井，一次治理成功率由62%提高到85%。实践证明，优化后重打水泥帽治理浅层水外漏工艺方法可以改善注水泥浆封固效果，探索的这4种技术措施可以有效提高套管外浅层水外漏治理成功率。

关键词：外漏；浅层水；重打水泥帽；水泥帽失效；水泥浆

由于套管外地层浅层水、浅层气压力高，浅层水、浅层气沿着浅表地层孔隙、裂缝上窜，从表层套管与油层套管之间、表层套管以外或者水泥帽失效部位外漏至地表[1]。对于这类外漏井，如果是表层套管与油层套管之间外漏少量水，一般采取焊接的方式治理，操作简单，成功率高；如果是表层套管以外或水泥帽失效外漏，一般采取重打水泥帽的措施，治理难度高，易反复外漏，且地面外漏点易转移；治理完成一段时间后，浅层水、浅层气又从本井周围的其他薄弱处重新外漏或者从相邻的其他井薄弱处外漏，治理难度较大[2]。因此进行了套管外浅层水外漏治理工艺研究。

1 重打水泥帽治理浅层水外漏技术

重打水泥帽工艺是大庆油田多年研究、逐渐发展的一项治理浅层水上窜外漏的重要技术。主要针对水泥帽失效、表层套管封固水泥环失效、浅层水压力大，以及沿着孔隙、裂缝上窜至地表外漏等问题，解决方法是在井口周围钻孔，挤入水泥浆，封堵孔隙、裂缝，以治理外漏[3]。

1.1 工艺原理

重打水泥帽主要工艺过程包括钻孔、试注、固注浆管、候凝、挤注水泥浆、候凝。重打水泥帽工艺原理示意图如图1所示。

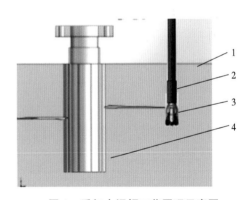

图1　重打水泥帽工艺原理示意图
1—浅表地层；2—螺杆钻具；3—牙轮钻头；4—套管

首先清除井口附近地表土，露出水泥帽或表层套管，在距井口中心1m处钻孔，钻至水泥帽深度或表层套管下深位置。一般使用油管+螺杆钻具+牙轮钻头的钻具组合，泵车清水循环驱动螺杆钻具，携带泥沙、水泥碎屑。钻孔完成后，起出钻

作者简介：车亮，1987年生，男，工程师，现主要从事采油生产管理和安全环保方面的工作。

邮箱：cheliang1001@163.com。

具，下入光油管作为注浆管，上端口连接闸门，并向注浆管内注入清水 3~5m³ 以疏通注浆通道。若返出液中含有油、蜡，则替入 70℃ 以上热水将其冲洗干净，同时测算出固注浆管所需水泥浆用量。注入水泥浆固注浆管至返出地面后，立即注入清水（用量按注浆管的容积附加 5%~10%）清洗注浆管，关闸门候凝 24 小时。二次挤注水泥浆至井口周围所有冒水点返出水泥浆为止，立即注入清水清洗注浆管，关闸门候凝 36~48 小时。

1.2 技术措施

由于浅表地层孔隙、裂缝的连通情况未知，各井的外漏压力、外漏量、外漏物不同，治理效果也不同。据统计，多年来重打水泥帽治理浅层水外漏的一次成功率约为 62%。为提高治理成功率，在基本工艺原理不变的前提下，通过优化注浆方法、布孔方式，制订了一些针对不同情况的个性化治理措施，主要包括间歇灌注水泥浆、多孔分层段布孔、封隔器挤注水泥浆、焊固结合等措施。近 3 年，通过这些优化方法共治理 14 口井，一次治理成功率提高到 85%。

1.2.1 间歇灌注水泥浆措施

间歇灌注水泥浆就是钻孔完成后不固注浆管，疏通注浆通道后，直接灌注水泥浆，待水泥浆沿孔隙返出地面，停泵静置一段时间，待水泥浆液面回落后，再次开泵注浆至水泥浆沿孔隙返出地面。如此反复，直至水泥浆沿地面外漏点返出为止。整个注浆过程始终保持低泵压（2MPa 以内）、小排量，以水泥浆在孔隙内液面较高又不溢出为宜，保持液柱最高压力。这样，可以提高水泥浆穿透浅表地层能力，提高其与孔隙、裂缝结合能力[4]。

以一区—三区乙南区块 3 口井治理为例。1 号井，2017 年在该井周围发现外漏点，并且与其同井场相距 10m、18m 的 2 号井、3 号井相继出现不同程度外漏。结合多种现象分析，确认浅层水上窜外漏，并确定采用间歇灌注水泥浆的方法重打水泥帽，同时治理这 3 口井。1 号井于 2017 年 7 月 1 日进行重打水泥帽施工，在其南侧距井口中心 1m 处外漏水量较大的位置用牙轮钻头钻孔，钻

至深度为 100m，下入注浆管柱。间歇灌注水泥浆管柱自上而下为单流阀+油管+单流阀，管柱结构示意图如图 2 所示。注入相对密度为 1.95 的水泥浆，注浆时保持低泵压（2MPa 以内）、小排量，注浆至水泥浆从所钻孔返出地面，停泵，静置 15~20min，继续挤注水泥浆至再次返出地面。如此反复多次，共注入 40m³ 水泥浆。注浆过程中，3 口井漏水点距钻孔位置由近及远外漏量逐渐减小，并返出少量水泥浆至地面。注入清水 1m³，清洗注浆管，以备二次注浆，候凝。期间，观察发现 1 号井和 2 号井周围外漏点停止外漏，3 号井外漏量较治理之前明显减少。3 日后二次注浆，注入相对密度为 1.95 的水泥浆 40m³，成功封堵全部漏点。截至 2020 年 12 月，这 3 口井均未再出现外漏。

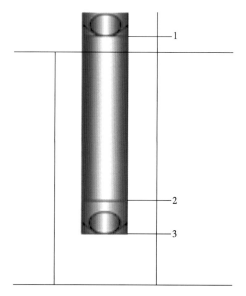

图 2　间歇灌注水泥浆管柱结构示意图

1、3—单流阀；2—油管

1.2.2 多孔分层段布孔措施

一些井浅表地层松散、外漏压力较高，并伴有浅层气，重打水泥帽封固难度比较大。这些井重打水泥帽封堵外漏一段时间后，由于浅层气的穿透能力比较强，形成新的孔隙、裂缝，导致浅层水上窜至地面新的位置外漏。针对这类井，可以采取多孔分层段布孔灌注水泥浆的方法。在径向上多方位封堵外漏，使套管周围 360° 范围浅表地层孔隙全部挤注水泥浆。在轴向上，由于外漏水源的深度未知，多个孔可以设置不同深度，覆盖整段可能漏源范围。

以 4 号井为例。该井于 2019 年 11 月外漏，首次重打水泥帽治理 3 个月后再次外漏，且漏点位置向外延。该井外漏压力较大，伴有浅层气，常规封固难成功；随着挤入水泥浆，不断窜向更薄弱位置，易再次发生外漏。2020 年 4 月，采用多孔分层段灌注水泥浆方法治理 4 号井，在该井东、西、南 3 个方向钻孔，孔深分别为 120m、70m、50m，轴向上由深及浅，先切断油层与浅层连通，再固浅层；径向上由外及内，分隔漏源与外围，降低漏点窜向其他位置的风险。该井治理成功，截至 2020 年 12 月，未再出现外漏现象。

1.2.3 封隔器挤注水泥浆措施

一些井外漏水的压力高，钻孔内水泥浆液柱压力低于外漏水压力，注入的水泥浆沿着钻孔被外漏水顶替到地面，不能进入浅表地层孔隙、裂缝，产生有效封堵效果。针对这类井，采用封隔器挤注水泥浆方法。挤注水泥浆管柱自上而下为单流阀+封隔器+油管+喷砂器+油管+丝堵，管柱结构示意图如图 3 所示。封隔器可以封堵钻孔顶端，防止水泥浆溢出，将水泥浆挤入浅表地层孔隙、裂缝，封堵外漏[5]。

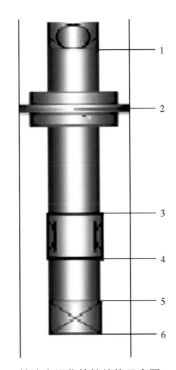

图 3　挤注水泥浆管柱结构示意图
1—单流阀；2—封隔器；3、5—油管；
4—喷砂器；6—丝堵

以 5 号井为例。该井于 2019 年 11 月发现外漏，外漏压力较大，且伴有气泡，确定系浅层水上窜外漏。2019 年 12 月钻孔打水泥帽，采用常规打水泥帽方法，注入的水泥浆不足以平衡外漏压力，不断被外漏水稀释，顶替出地面，治理未成功。2020 年 5 月，采用封隔器挤注水泥浆方法重打水泥帽施工，下入注浆管柱后，释放封隔器。封隔器有效控制外漏水压力，帮助水泥浆挤入地层，形成封固效果，治理成功。截至 2020 年 12 月，未再出现外漏现象。

1.2.4 焊固结合措施

有表层套管的浅层水外漏井，外漏水可能沿着表层套管与油层套管之间的环铁开焊处外漏，或者从表层套管外的松散浅表地层外漏，或者两种情况同时发生。针对这类井可以采取焊固结合的方法，首先打开封闭的环铁，作为泄压通道，从表层套管外钻孔重打水泥帽，待水泥浆与浅表地层的孔隙、裂缝充分胶结后，焊接环铁，关闭泄压通道。这样，可以降低注浆过程孔隙、裂缝的压力，提高封堵效果。

以 6 号井为例。该井于 2016 年 7 月确认浅层水上窜外漏，外漏水从套管与表层套管之间及表层套管外漏出地面，且外漏量较大。2017 年 6 月确定采用焊固结合的方法治理。首先在表层套管外钻孔重打水泥帽，采用间歇灌注水泥浆的方法封固表层套管外浅表地层孔隙、裂缝；候凝多日后，焊接油层套管与表层套管之间的环铁，治理成功。截至 2020 年 12 月未再出现外漏现象。

2 技术措施存在问题

由于缺少对浅表地层孔隙、裂缝及外漏水源情况的了解，同时缺少注水泥浆必要的控制措施，因此重打水泥帽治理浅层水外漏成功率不高。另外，重打水泥帽施工缺少必要的井控措施，存在一定安全隐患。

2.1 井控措施

目前技术钻孔过程主要依靠循环液自身的液柱压力维持钻孔内压力平衡，缺少必要的井控措施。部分外漏井位于浅气层发育地区，外漏水通常伴有浅层气，浅气层深度一般为 300～700m，重打水泥帽钻孔深度一般在 100m 左右，100～300m 之间套管外无水泥环，仅有钻井液。钻孔与浅气层没有直接连通，这些井外漏的原因主要是水泥胶结失效、地层松散。因此，钻孔过程存在浅气层内气体上窜的风险，仅依靠循环液自身的液柱压力不足以控制浅气层内气体上窜。

2.2 挤注水泥浆管柱结构

目前的剂注水泥浆工艺主要是灌注和裸眼封隔器挤注。灌注的压力较低，不能高压挤注水泥浆，水泥浆穿透浅表地层能力较弱，不能达到理想的封堵效果。封隔器挤注可以提升一定注浆压力，但钻孔易坍塌，裸眼下封隔器难度较大。另外，目前工艺不能分层段控制挤注水泥浆，部分井钻遇大孔洞，注浆时水泥浆进入大孔洞，即使大排量注浆，泵车压力也不升高，水泥浆既不上返，也不能进入目的孔隙、裂缝，不能产生有效封堵效果。

3 对策探讨

3.1 二次钻孔

针对井控措施不足，可以优化钻孔工艺，将连续钻孔改为二次钻孔。一次钻孔钻下入 1 根套管，深度在 10m 以上即可，水泥浆固套管，连接法兰，安装防喷器等井控装置。二次钻孔在一次钻孔所下套管内钻孔，在有井控措施的情况下，继续向下钻孔。这样，套管既可以安装防喷器，又可作为封隔器坐封位置，帮助实现挤注水泥浆[6-7]。

3.2 优化注浆管柱

研究可控制注浆管柱，实现分层段控制注水泥浆。可控制注浆管柱包括封上下注管柱和封下上注管柱。针对外漏水压力高无法实现灌注水泥浆的井采用封上下注管柱，管柱结构为油管+挤水泥封隔器+油管+定压开关+油管+丝堵，在一次钻孔所下套管内坐封封隔器，高压挤注水泥浆；针对钻遇较大孔洞、水泥浆不上返的井，采用封下上注管柱，管柱结构为油管+定压开关+油管+挤水泥封隔器+球座+单流阀，封隔器下在管柱底端，需要时，投球释放封隔器，向上部层段注入水泥浆。

4 结　论

（1）治理浅层水上窜外漏井难度较大，外漏易反复、易转移。重打水泥帽是治理这类外漏井的一种有效措施。

（2）针对不同特点的浅层水上窜外漏井，通过优化注浆管柱、注浆方法，可以提高重打水泥帽治理浅层水外漏的成功率。

（3）现有的重打水泥帽治理工艺仍然存在一些不足：一是钻孔过程缺少必要的井控措施；二是不能分层段控制挤注水泥浆。下一步需要继续优化钻孔工艺，提升井控安全措施。

参考文献

[1]　党洪艳. 套管外漏井可洗井自胀封堵漏工艺技术研究 [J]. 化学工程与装备，2018（2）：191-194.

[2]　何信海. 当前油水井大修面临的一些问题及对策探讨 [J]. 化学工程与装备，2018（7）：164-165.

[3]　徐国民，徐广天，魏显峰，等. 采油工程技术员工作指南 [M]. 北京：石油工业出版社，2016：140-142.

[4]　邱海研. 套管外漏井封隔器找漏新工艺 [G]//大庆油田有限责任公司采油工程研究院. 采油工程 2012 年第 4 辑. 北京：石油工业出版社，2012：58-61.

[5]　吴奇，张守良，王胜启，等. 井下作业监督 [M]. 3 版. 北京：石油工业出版社，2014：77-97.

[6]　王新纯. 徐深气井套管环空封固修井工艺技术 [G]//大庆油田有限责任公司采油工程研究院. 采油工程文集 2016 年第 4 辑. 北京：石油工业出版社，2016：38-42.

[7]　杨庆理，秦文贵，金华，等. 石油天然气井下作业井控 [M]. 北京：石油工业出版社，2008：101-106.

ABSTRACT

Research and application of mechanical two-way anchor fracturing technology in horizontal wells

Ban Li[1,2], Li Jinyu[1,2], Kong Lihong[1,2], Zhang kun[1,2], Wang Jidong[1,2]

1. *Production Technology Institute of Daqing Oilfield Limited Company*;

2. *Heilongjiang Provincial Key Laboratory of Oil and Gas Reservoir Stimulation*

Abstract: For the large-scale repeated fracturing stimulation of ultra-low permeability tight reservoirs in horizontal wells, the fracturing string will vibrate violently due to the high pressure, large circulation volume and long operation rig time with the gradual increase of operation scale and the number of fracturing sections. Through analysis of the main factors affecting the vibration of the pipe string and the statistics data in the field practical operation, it can be known that the sealing failure rate probability of lower packer would increase by 75% when the flow rate of fracturing fluid exceeds $8m^3/min$. In order to improve the stability of the fracturing string, the mechanical two-way anchor fracturing technology in horizontal wells was developed to realize the multi-function of zonal isolation, fracturing, repeated setting and releasing. The compression fracturing packer with low setting force was developed, which could improve the performance of repeated setting and releasing, realize the large circulation rate, long span and multi-cluster fracturing stimulation in horizontal wells, and improve the safety of fracturing string. The technology provides an effective technical support for the large-scale repeated fracturing in tight reservoirs.

Key Words: horizontal well; repeated stimulation; large-scale fracturing; pipe string vibration; low setting force; packer

Research on plugging removal technology of self-diverting acidification in HD Oilfield of Kazakhstan

Yang Baoquan, Deng Xianwen, Li Shengli, Zhu Lei, Gao Jia

Production Technology Institute of Daqing Oilfield Limited Company

Abstract: In order to solve the problems of high carbonate content in the reservoirs of Kazakhstan's HD Oilfield and poor acidification measures, the analysis of reservoir blockage factors and the study of formula system for acidification plugging removal have been carried out. The analysis of reservoir damage characteristics shows that damage of clay mineral, poor quality of injected water, scaling of injected water, and intrusion of drilling fluid, etc. are all reasons for reservoir blockage. The reaction of conventional thickened acid with carbonates is likely to generate calcium fluoride deposits that causes the secondary damage to the reservoir. In order to solve the above problems, the research on new acidification plugging removal technology was carried out, and the new formula system of self-diverting acidification plugging removal agent suitable for the lithology and blockage characteristics of the oilfield was optimized. The experimental results show that the system has the strong ability to dissolve the core, low damage to the formation framework, good functions of retarding, oil washing and demulsification. When acid-rock reaction occurs, viscoelastic surfactants can form high-viscosity aggregates, thereby realizing automatic self-diverting and acidifying the low-permeability reservoirs. The simulated acidizing experiment results with three-pipe parallel cores show that the self-diversion effect is obvious, the permeability improvement effect is better than that of conventional thickened acid, and the core permeability in low-permeability reservoirs is increased by more than 80%. The acidification plugging removal test on one water-injection well was carried out in the field, and the water injection volume was increased from $7m^3/d$ before acidification to $97m^3/d$, which achieved good injection effect. The technology is suitable for acidification plugging removal in sandstone reservoirs with high calcium content, and provides technical support for increasing production and injection in similar overseas oilfields.

Key Words: HD Oilfield; reservoir damage; self-diverting acid; core simulation; acidification plugging removal

Prediction method for deep profile control and oil increase in polymer flooding based on numerical simulation samples

Gaidelin[1,2], Chen Lingling[1,2], Liu Kejun[1,2], Wang Xuying[1,2]

1. *Production Technology Institute of Daqing Oilfield Limited Company*;

2. *Heilongjiang Provincial Key Laboratory of Oil and Gas Reservoir Stimulation*

Abstract: In order to realize the rapid prediction of deep profile control and oil increase in polymer flooding and shorten its optimization design cycle, the research on the construction of oil increase prediction models based on numerical simulation samples was carried out. Based on the Daqing Oilfield, the paper applies the reservoir numerical simulation technology and adopts the orthogonal experimental design methods to determine five sensitive effect factors on profile control, including profile control radius, water flooding volume before profile control, water injection intensity after profile control, oil saturation, and connection direction. 1296 numerical simulation samples were calculated. Through sample splitting and classification regression, 8 linear sub-models for composite prediction models were established. The determination coefficient r^2 of the prediction set and the test set were both above 0. 9495, and the coincidence rate of oil increase calculation reached 82%. The prediction coincidence rate of the deep profile control effect on one well was up to 78.7%, and the prediction period was shortened to less than 2 days.

Key Words: deep profile control; oil increase prediction; sample; numerical simulation; Python

Application of chemical agent addition technology with integrated scale removal & prevention function by ASP flooding in Well Z

Kang Yan[1,2], Liu Jiqiong[1,2], Zhang Delan[1,2], Wang Qingguo[1,2], Wang Yuxin[1,2]

1. *Production Technology Institute of Daqing Oilfield Limited Company*;

2. *Heilongjiang Provincial Key Laboratory of Oil and Gas Reservoir Stimulation*

Abstract: The fast speed of scaling in the pump production wells by ASP flooding is easy to cause the pump-sticking accident happened and the pump inspection cycle being shortened, and the existing chemical agent addition technology has no scale removal function. In order to solve the problems mentioned above, the intelligent chemical agent addition technology with integrated scale removal & prevention function was studied. Through continuous monitoring of the production current of the pumping wells, it can automatically switch between the processes of adding the scale remover and the scale prevention agent. According to the production data and the ion data of produced liquid, the integrated scale removal & prevention chemical agent addition technology was adopted in the Well Z to prevent the scale, and the appropriate dosage of scale removal & prevention detergent was determined. The field test results showed that the "molecular scale" of the produced fluid was reduced after the measurement, and the indicator diagram of the production wells returned to normal, which prolonged the pump inspection cycle. It is proved that the integrated chemical agent addition technology can clean up the scale in time and avoid the second pump sticking accident and shut–down, which reduces the operation costs and solves the serious scaling problem in ASP flooding area. The technology provides the technical support for the large–scale promotion of ASP flooding.

Key Words: ASP flooding; chemical agent addition technology with integrated scale removal & prevention function; chemical dosage addition; ion concentration of calcium and magnesium; pump inspection cycle

Research on the influence of harmful bacteria in sewage on the reutilization of produced water

Liu Ruina, Liu Wentao

No.1 Oil Production Company of Daqing Oilfield Limited Company

Abstract: The influence of bacteria in oilfield reinjection sewage on the injection system has been carried out. Through indoor experiments and field tracking, the effects of bacteria on the deterioration of water quality, pipeline corrosion and the viscosity of the injection system were analyzed. According to the influence of different harmful bacteria on the viscosity of polymer solution, the analysis showed that the greater the bacterial content, the more obvious the degradation effect to the polymer solution. The highest viscosity degradation rate in 24 hours is that iron bacteria (87%) > sulfate reducing bacteria (82%) > saprophytic bacteria (58%), and the highest viscosity degradation rate in 15 days is that iron bacteria(92%) = saprophytic bacteria (92%) > sulfate reducing bacteria (90%). The mechanism of bacterial degradation in polymer solution was summarized, i. e. after iron bacteria destroying the polymer structure, saprophytic bacteria and sulfate reducing bacteria further use intermediate products for nutrient metabolism. Finally, several microorganisms complete the degradation of the polymer through a synergistic metabolic mechanism, so the viscosity of the polymer is reduced. It is concluded that effective control of the number of harmful bacteria is of great significance to keep the quality of the injection system and the anti–corrosion of pipeline equipment.

Key Words: bacteria; injection system; deterioration of water quality; corrosion and scaling; degradation of chemicals

Research and application of high-efficiency fracturing production technology for tight glutenite reservoirs in Changde Block

Fei Xuan

Gas Production Company of Daqing Oilfield Limited Company

Abstract: In order to realize the high-efficiency exploitation of the tight glutenite reservoirs in the Changde Block, the idea of intensive cutting and fracturing by cementing has been established according to the characteristics of deep burial, tight and low permeability of the reservoirs in the block. By analyzing the adaptability of different fracturing completion technologies in the development of horizontal wells, and comparing and optimizing them, the fracturing completion technology suitable for this block was established. The technology has applied to four horizontal wells in the field, and the daily gas production reached $32.4 \times 10^4 \mathrm{m}^3$. The gas production of a single well increased by $10.7 \times 10^4 \mathrm{m}^3/\mathrm{d}$ compared with the previous gas production in the block. The research result has provided an technical reference for the effective production of difficult-to-recover reserves in similar blocks.

Key Words: Changde Block; glutenite; tight reservoir; horizontal well; fracturing

Analysis of application effect of optimization design technology for low energy consumption rod pumping system

Sun Tongjian

Production Technology Institute of Daqing Oilfield Limited Company

Abstract: In order to explore effective ways to further improve the efficiency of the pumping well system and reduce the energy consumption of lifting in the old area of placanticline, the expansion test of optimization design technology for low energy consumption rod pumping system was carried out. Based on the expansion test data in the field and application effect, the difference between this technology and the conventional optimization design technology was compared and analyzed, including such parameters as pump diameter, pump depth, stroke length, stroke times and other parameters that can be optimized and adjusted in the pump inspection operation. The optimization adjustment direction and law for different parameters were summarized, and the main control factors and variation law that affect the energy consumption of pumping wells were found out. Statistics on the application effects of 70 test wells showed that the average fluid production per well increased by 10.9%, the average power consumption per 100 meter-ton of fluid dropped from $1.09\mathrm{kW} \cdot \mathrm{h}$ to $0.63\mathrm{kW} \cdot \mathrm{h}$, and the average power saving rate reached 42.3%. Good test results have been achieved. The application of the low energy consumption rod pumping system has provided the means for optimization designs for the pump inspection wells and the fine design of the lifting technologies.

Key Words: low energy consumption; pumping well; rod pumping system; optimization design; system efficiency; power saving rate

Development and application of blowout prevention reversing valve for normal well-flushing under pumping unit

Liu Shuangxin

No.5 Oil Production Company of Daqing Oilfield Limited Company

Abstract: In order to solve the problems that difficult control of high-pressure fluid blowout and unsatisfactory wax -removal effect of inverse well-flushing in the process of tripping the sucker rods and tubings in workover operations of oil pumping wells, the research on the blowout prevention reversing valve for normal well-flushing under pumping unit was carried out. The reversing valve is connected to the plunger pump to replace the fixed valve. By lowering and lifting the sucker rod, the switch in the central channel of the reversing valve and the connection of the oil tubings and the annulus of the casing and tubing can be controlled to realize the control of the liquid flow in the tubings, so as to remove wax during the normal circulation. By the February of 2012, the reversing valve for blowout prevention in normal well-flushing wells under the pumping unit has been applied to 18 wells, including 8 well times for secondary operations. The success rate of blowout prevention of running pipe string in primary operation was 100%. The success rate of blowout prevention of pulling out pipe string in secondary operation was also 100%. The instantaneous displacement of normal circulation for hot washing has reached more than $30m^3$, which can relieve the environmental protection pressure in workover operation for production wells, improve the hot wash wax-removal effect in old wells, and raise the economic benefits of the development.

Key Words: pumping well; blowout prevention; normal well flushing; wax removal; environmental protection

Discussion on geological optimization technology for horizontal wells in tight oil reservoir

Wu Guangmin, He Xing, Yang Baoxia, Sun Jianshuang

Production Technology Institute of Daqing Oilfield Limited Company

Abstract: The Shu123 Block of Daqing Yushulin Oilfield in the northern Songliao Basin is the unconventional oil & gas resources in tight oil reservoirs with low permeability and low productivity. In order to explore a new way to develop unconventional oil & gas reservoirs for the large scale benefit development, the geological optimization technology for horizontal wells in this block was studied. In the single-layer sweet spot rich area, the deployment of well positions was optimized and the orientation of horizontal section was determined. By combining with large-scale volume fracturing, the sand body control scale and single well production can be increased to achieve the maximum effective development. Taking Well Shu29-Fuping 1 as an example, on the basis of geological characteristics, the virtual target point technology for optimizing trajectory design was introduced, and the rotational steering and other key technologies were adopted through optimizing the deployment of horizontal wells. The design horizontal section could reach as long as 2064.08m, with a height difference of 25.5m, and the drilled reservoir section length was increases by 385.23m. The analysis of operation difficulties and the adoption of corresponding technical measures provide the technical support for the development of tight oil reservoirs.

Key Words: tight oil; horizontal well; virtual target point; geological optimization; Yushulin Oilfield

Optimization design and application of casing and cementing in Well QY—Ping1

Pan Rongshan[1,2], Yan Lei[3], Yang Jinlong[1], Zhu Jianjun[1], Zhang Chunxiang[1]

1. Production Technology Institute of Daqing Oilfield Limited Company;

2. Heilongjiang Provincial Key Laboratory of Oil and Gas Reservoir Stimulation;

3. No.3 Oil Production Company of Daqing Oilfield Limited Company

Abstract: Well QY – Ping1 is a horizontal well that requires large – scale volume fracturing stimulation. In the previous fracturing operation, some casings and cement sheath in the wells were deformed and damaged during the operation, which affected the fracturing effect and oil and gas production. In order to avoid complex downhole accidents, shorten the drilling cycle and meet the requirements of large–scale fracturing, the drilling parameters, wellbore trajectory, casings and cement slurry system in the design of drilling engineering were optimized. The calculation method of effective external load of production casing in horizontal wells and the optimization design of casing string were proposed, and the steel grade and wall thickness of production casing, as well as the strength of cement sheath to meet the requirements of large – scale fracturing were optimized. The penetration rate has been improved during drilling operation. The average ROP of the well was 18.87m/h; the drilling cycle was 35.63d; the qualification rate of cementing quality was 100%; and the proportion of high–quality well sections was more than 70%. Through the optimization of drilling design, the operation efficiency was improved, the occurrence of complicated accidents were reduced, and the drilling and completion of Well QY–Ping 1 was completed with high quality and efficiency. It has provided a reference for the design of similar development wells in China.

Key Words: fracturing operation; horizontal well; drilling parameters; optimization design; drilling operation

Application practice of flexible drilling tool sidetrack coring technology in A Development Zone

Wang Huaiyuan, Yang Yanbin

No.4 Oil Production Company of Daqing Oilfield Limited Company

Abstract: In order to study the plugging degree and block radius at the injection – production ends during the development by ASP flooding, and increase the injection rate of the injection well and the production output of the production well, the test of flexible drilling tool sidetrack coring technology was carried out. The technology mainly consists of opening a window on the inner wall of the casing, a special flexible drilling tool was drilled in the formation, and the sidetrack hole was turned from vertical direction to horizontal direction within a range of 1.8 ~ 3. 0m. Then the horizontal drilling tools and special coring tools were used to make the horizontal hole and obtain cores of the formation. Through field tests with one injection and one production well, 135 pieces of cores in the formation were successfully obtained. The technology provides data for studying the plugging law of the injection–production ends by ASP flooding in the formation.

Key Words: ASP flooding; plugging; flexible drilling tool; sidetrack; coring

Research and application of intelligent foam drainage control system for gas wells

Wang Zhirui[1,2]

1. Production Technology Institute of Daqing Oilfield Limited Company;

2. Heilongjiang Provincial Key Laboratory of Oil and Gas Reservoir Stimulation

Abstract: In order to meet the production requirements of gas well drainage in Daqing Oilfield, improve the drainage efficiency and gas production, and reduce the labor intensity, the intelligent foam drainage control system for gas wells has been developed. According to the basic theory of automatic control and the basic principles of control system design, combined with the practical field application of the gas wells, the control system consisting of three parts, i. e. data acquisition, analysis & decision control, and adjustment of injection agent has been established. The data acquisition module collects the dynamic production data of the gas wells in real time. The controller receives the analysis data in real time and intelligently sends the control commands for the injection agents in the analysis & decision control module. The adjustment of injection agent is controlled by the injection device to receive the controller instructions for adjusting the drainage agent. The pilot field test was carried out by using the control system, and the results showed that the average pressure difference between tubing and casing in gas well was reduced from 11. 81MPa to 3. 04MPa after the test, the average increase of daily gas production was $2.66 \times 10^4 m^3$, and the average daily increased fluid drainage was $4.28 m^3$. The intelligent foam drainage control system for gas wells can realize the real-time monitoring of gas well data and intelligent agent injection, provide the technical support for slowing down the decline rate of gas well production and improving the gas reservoir recovery, which is of great significance to the digital construction in gas fields.

Key Words: gas well; foam drainage agent; intelligent injection; control system; controller

Optimal design and implementation of the production technology for tight reservoirs in Pu42-5 Well Block of Putaohua Oilfield

Liu Wenping, Feng Li, Jiang Guobin, Gao Xiang, Xiong Tao

Production Technology Institute of Daqing Oilfield Limited Company

Abstract: In order to further realize the economic and effective development of tight reservoirs with low porosity and ultra-low permeability, the research on the optimal design of production technology for tight reservoirs in the Pu 42-5 Well block has been carried out. According to the geological characteristics and production difficulties of Fuyu reservoir in Putaohua Oilfield, such as many development layers of sandstone, thin thickness of single layer, poor physical properties, scattered oil layers, low production and poor development benefits etc., the flexible production methods and large-scale volume fracturing industrialized operation have been adopted. By adopting new technology integration, full-period optimization, and integrated design measures, the targeted optimal design for fracturing, lifting and matching oil production technologies has been developed. The practice effect showed that the average daily fluid production of a single well was 32. 8t, the average daily oil production of a single well was 11. 7t, and the overall production degrees of reserves reached 70. 9% after the horizontal wells being put into production for 1 year. The research provides an technical reference for increasing benefit and production for the reservoirs under similar conditions.

Key Words: Putaohua Oilfield; tight reservoir; production technology; fracturing; horizontal well

Test and understanding of fine separate layer water injection in peripheral reservoirs

Yu Shengtian, Li Liang, Liu Minghao, Niu Weidong, Huo Mingyu

No.8 Oil Production Company of Daqing Oilfield Limited Company

Abstract: In order to increase the production degree of reserves in the peripheral Putaohua Oilfield, the subdivision matching technology has been improved in view of the characteristics of small payzone span, thin interlayer and low injection rate. On the basis of fine reservoir description, field tests were carried out in three aspects, including subdivision, improvements of fishing success rate and test accuracy. The use of packers with dual packing element and long rubber barrel has solved the problem of subdivision with small interbed. The alternate configuration of positive and negative guiding water distributors has solved the problem of multi-stage subdivision with small packing distance. The application of the collecting type flow meter has solved the problem of low test accuracy. The field test in 44 wells was conducted in the two optimal blocks to realize the subdivision with 0.4m interbed and 2m packing distance, so as to achieve the purpose of separation, fishing and accurate measurement. After subdivision, the production degree of reserves was increased, the rate of water cut rise and natural decline rate were controlled to achieve the goal of fine oilfield development, laying a foundation for the popularization and application.

Key Words: small interbed; short packing distance; fine stratification; flow meter; subdivision water injection

Practice and understanding of treatment technology for shallow water leakage outside casing

Che Liang

No.4 Oil Production Company of Daqing Oilfield Limited Company

Abstract: In order to improve the success rate of treating shallow water leakage outside the casing, the technology of resetting the cement cap to control the shallow water leakage was studied. In practice, the corresponding technical measures have been explored according to the different leaking characteristics of shallow water wells, mainly including intermittent pumping cement slurry, arranging holes in porous separate layer sections, squeezing cement slurry with packers, and combination of welding and solidification. The technology of resetting the cement cap to control the shallow water leakage was optimized. At the same time, it has been found in practice that there were still some shortcomings in the process of resetting the cement cap to control the shallow water leakage, and the solution was discussed in the paper. The technology has been applied to 14 wells, and the primary treatment success rate increased from 62% to 85%. Practice has proved that the optimized resetting cement cap treatment to control the shallow water leakage can improve the sealing effect of cement slurry, and the above four technical measures can effectively improve the success rate of shallow water leakage treatment outside the casing.

Key Words: external leakage; shallow water; reset cement cap; cement cap failure; cement slurry